LEÇONS

DE PHYSIQUE

EXPERIMENTALE.

TOME PREMIER.

LEÇONS
DE PHYSIQUE
EXPERIMENTALE.

Par M. l'Abbé NOLLET, *de l'Académie*
Royale des Sciences, & de la Société
Royale de Londres.

TOME PREMIER.

A PARIS,

Chez les Freres GUERIN, rue S. Jâques,
vis-à-vis les Mathurins, à S. Thomas
d'Aquin.

M. DCC. XLIII.

Avec Approbation, & Privilége du Roy.

A

MONSEIGNEUR
LE DAUPHIN.

MONSEIGNEUR,

Ayant conçu le deſſein d'écrire
& de donner au Public les Leçons
de Phyſique expérimentale que je
fais de vive voix depuis pluſieurs

Tome I.   a

années, pourrois-je les lui offrir
dans une circonſtance plus heureu-
ſe que celle où Vous voulez bien
les honorer de votre préſence &
de votre attention ? En mettant
au jour cet Ouvrage, je ſuis diſ-
penſé maintenant de vanter l'utilité de ſon objet, & d'en faire connoître la dignité ; l'une & l'autre
ſont prouvées, dès que cet objet eſt
de votre goût & qu'il a été approuvé par le ſage Conſeil qui re-
gle vos Etudes : un tel exemple
apprendroit, ſi l'on ne le ſçavoit
pas , que la connoiſſance des effets
naturels convient à tous les états ;
on pourroit en conclure auſſi qu'elle
convient à tous les âges, ſi vous
n'aviez fait que des progrès ordinaires dans les autres ſciences ;

& si l'on ignoroit les preuves que vous avez données d'un génie prématuré.

Depuis dix ans que je travaille à former & à perfectionner une Ecole de Physique, ce qui a le plus animé & soutenu mon zéle dans cette laborieuse entreprise, c'est, MONSEIGNEUR, de m'être flatté que je pourrois un jour vous en offrir les fruits; je touche enfin au terme de mes désirs & de mes espérances; vos ordres m'appellent.

Le Public qui apprendra mon bonheur par cette Epître, verra sans doute avec plaisir, qu'en faisant usage de mes foibles talens, vous honorez de vos regards & de vos faveurs un établisse-

ment auquel il a bien voulu ap-
plaudir ; & tout le monde sen-
tira comme moi-même , combien
je suis heureux d'avoir une occasion si favorable d'exercer mon
zéle , & de donner un témoignage public de l'attachement invio-
lable , & du profond respect
avec lesquels je dois & je veux
être toute ma vie ,

MONSEIGNEUR,

Votre très-humble , très-obéis-
sant , & très-fidele Serviteur,
J. A. NOLLET.

PREFACE.

UNE science qui n'embrasse que des questions frivoles, ou qui ne termine celles qui paroissent être de quelque importance que par des probabilités, & en s'appuyant sur des hypothéses, n'intéresse ordinairement qu'un petit nombre d'esprits ; il est rare qu'on y prenne goût, & le tems ne peut guéres en étendre les limites, s'il n'en réforme l'objet ; parce que le désir de sçavoir qui naît avec nous, & qui peut seul exciter notre attention, nous porte naturellement vers le vrai, & ne peut nous y fixer que quand nous y prenons quelque intérêt.

L'histoire de la Physique, si l'on se rappelle les révolutions qu'elle a éprouvées, est très-capable de justifier cette réflexion.

Pendant près de vingt siécles, cette science n'a été presque autre chose, qu'un vain assemblage de systêmes appuyés les uns sur les autres, & assez souvent opposés entre eux. Chaque Philosophe se croyant en droit d'élever un pareil édifice à sa mémoire, s'est efforcé de l'établir sur les ruines de ceux qui l'avoient précédé; de tems en tems l'on a vû qu'une vraisemblance en effaçoit cent autres.

Ces exemples tant de fois renouvellés, ne devoient pas donner beaucoup de crédit aux opinions philosophiques; l'effet le plus naturel qu'on devoit en at-

tendre, & qu'ils ont eû, c'étoit
de tenir les hommes dans la dé-
fiance sur la doctrine des Physiciens ; & l'on ne doit pas être
surpris que leur curiosité n'ait été
que médiocrement piquée par
des connoissances où ils voyoient
régner tant d'incertitudes. L'obs-
curité du langage a dû les rebu-
ter encore plus. Dans ces tems
de barbarie, comme si les sciences, rougissant de leur état, n'eussent osé se montrer à découvert,
ceux qui faisoient profession de
les posséder, affectoient des expressions qui n'offroient que des
idées confuses, & dont la plûpart étoient absolument inintelli-
gibles pour quiconque n'étoit pas
encore convenu de s'en conten-
ter. On donnoit pour des explications certains mots vuides de

fens, qui s'étoient introduits fous
les aufpices de quelque nom cé-
lebre , & qu'une docilité mal entendue avoit fait recevoir , mais
dont un efprit raifonnable ne pouvoit tirer aucune lumiere.

Enfin la Phyfique fi mal culti-
vée jufqu'alors , & fi peu connue ,
parut au grand jour , & fe fit goûter lorfqu'elle offrit des découvertes utiles , des vérités éviden-
tes , lorfqu'elle pût fe faire honneur d'être entendue de tout le
monde. Defcartes fon premier
réformateur, après l'avoir tirée de
l'obfcurité des écoles , où elle
avoit vieilli fous l'autorité d'A-
riftote , ne lui laiffa , pour ainfi dire que , le nom qu'elle avoit coutume de porter , & la rendit telle
que les Ecoles réformées elles-
mêmes peu à peu , ont adopté

depuis ce qu'elle a reçu de nouveau, & l'enseignent présente-
ment en termes intelligibles.

Cette réforme porta principalement sur la maniere d'étudier
la nature. Au lieu de la deviner,
comme on prétendoit l'avoir fait
jusqu'alors, en lui prêtant autant
d'intentions & de vertus particu-
lieres, qu'il se présentoit de phénoménes à expliquer ; on prit le
parti de l'interroger par l'expérience, d'étudier son secret par
des observations assidues & bien
méditées, & l'on se fit une loi de
n'admettre au rang des connoissances, que ce qui paroîtroit évidemment vrai. La nouvelle méthode fit de véritables Sçavans,
& leurs découvertes excitant de
toutes parts l'attention & la curiosité, on vit naître des amateurs

de tout fexe & de toutes conditions.

Le goût de la Phyfique deve-
nu prefque général, fit fouhaiter
qu'on en mît les principes à la
portée de tout le monde. Bien tôt
on vit paroître en différentes Lan-
gues des Traités élémentaires,
qui remplirent à cet égard les de-
firs du Public. Mais la fcience
dont ils traitent, fe perfectionne
tous les jours; les découvertes fe
multiplient, les erreurs fe corri-
gent, les doutes s'éclairciffent:
les mêmes motifs qui ont fait
écrire ces élémens, doivent porter à les renouveller de tems en
tems, pour y faire entrer les aug-
mentations, les corrections, les
éclairciffemens qui intéreffent néceffairement ceux qu'une louable
curiofité rend attentifs aux pro-

grès de cette science. D'ailleurs
il est à propos que ces sortes
d'ouvrages soient proportionnés
au génie & à la portée des personnes à qui on les destine ; j'en
connois d'excellens en ce genre
qui réussissent en Angleterre , en
Hollande , en Allemagne , &
qui, s'ils étoient traduits dans notre Langue , n'auroient peut-être
pas un aussi grand nombre de Lecteurs en France , parce que les
principes y sont serrés , & qu'il
faut, pour les entendre, une attention trop suivie de la part de ceux
qui ne voudroient que s'amuser
utilement , & parce qu'on y a
employé plus de géométrie que
les gens du monde n'en sçavent
communément.

Il y a environ cinq ans, que
publiant le Programme de mon

Cours de Physique expérimentale, je rendis compte de la maniere dont j'avois formé cet établissement & des progrès qu'il avoit faits depuis sa naissance. J'offris alors ce petit volume au Public, comme une Table * des matieres que je me proposois de rassembler dans un ouvrage plus considérable, pour lui être présenté, s'il continuoit de m'accorder ses suffrages, & si j'avois lieu de me flatter que mes leçons fussent encore de son goût. Cette condition a été remplie au-delà de mes vœux: lorsque je la fis, c'étoit un motif, & en même tems une régle, que je prescrivois à mon zéle; mais je ne regardois alors qu'autour de moi; attentif au ju-

---

* Programme, ou Idée générale d'un Cours de Physique, *dans la Préf.* p. xxxiij.

gement qu'on porteroit de mes efforts & de leurs fuccès, je n'étendois point mes vues plus loin que l'enceinte de Paris. Je ne préfumois pas que mes foibles talens fe feroient connoître au delà des Alpes, * & que j'aurois l'honneur de les aller exercer dans une Cour étrangere. Je ne préfumois pas que mon Ecole feroit non-feulement applaudie, mais imitée dans nos provinces ** par les Colléges,

* En 1739. je fus appellé à la Cour de Turin, où je reftai près de fix mois pour donner des Leçons de Phyfique à S. A. R. Monfeigneur le Duc de Savoye. Après quoi le Roi fit placer à l'Univerfité tous les inftrumens que j'avois portés, afin que les Profeffeurs puffent s'en fervir dans la fuite pour cultiver & pour enfeigner la Phyfique par voie d'expérience.

** Depuis la publication de mon Programme, plufieurs Colléges de Meffieurs de l'Oratoire, de la Doctrine Chrétienne, & de Saint Lazare, fe font mis dans l'ufage de repréfenter les preuves d'expérience par les Univerſités, par les Académies même. Enfin je ne préſumois pas que nos Princes honoreroient * mes Cours & de leur préſence, & de leur attention ; qu'ils voudroient bien unir leur voix à celle du Public, & que l'épreuve qu'ils feroient de ma maniere d'enſeigner, me vaudroit enfin l'honneur de travailler ſous les yeux & pour l'utilité de

dans leurs exercices publics.

L'Univerſité de Reims en uſe de même ; & j'y ai envoyé une collection d'inſtrumens, qui eſt déja très-conſidérable.

L'Académie Royale des Sciences & Belles Lettres de Bordeaux, s'eſt auſſi meublé depuis quelques années un beau Cabinet de Machines & d'Inſtrumens de Phyſique, dont elle m'a fait l'honneur de confier l'exécution à mes ſoins.

* En 1738. Monſeigneur le Duc de Penthiévre voulut voir un de mes Cours de Phyſique, auquel S. A. S. aſſiſta avec beaucoup d'aſſiduité & d'attention ; peu de tems, après j'eus l'honneur d'en faire un à Verſailles pour S. A. S. Monſeigneur le Duc de Chartres, à la clôture de ſes études.

Monſiegneur le Dauphin. Ce dernier avantage excitoit mon zéle ;
mais je le déſirois plus alors, que je
n'oſois l'eſpérer.

Ces événemens que je ne rappelle point ici par un ſentiment
de vanité, quoiqu'ils ſoient bien
capables d'en inſpirer, m'aſſu-
rent en quelque ſorte du ſuccès
de mon entrepriſe, & de l'approbation que l'on veut bien lui
continuer. C'eſt donc pour m'ac-
quiter de la promeſſe que j'ai faite ſous cette condition, que je
publie aujourd'hui cet Ouvrage.
Je ne m'excuſerai pas d'en avoir
differé cinq ans l'impreſſion ; ſi
j'ai quelque reproche à craindre,
c'eſt peut-être de l'avoir donné
trop tôt ; car s'il eſt tel que je le
ſouhaite, les perſonnes à qui je
le deſtine, ne me ſçauront pas

mauvais gré d'y avoir employé tout le tems qu'il me falloit pour le rendre digne d'elles.

Le titre de l'Ouvrage annonce ce qu'il est ; ce sont mes Leçons telles que j'ai coutume de les faire depuis neuf ans, à des Compagnies qui s'assemblent pour les prendre en commun. Je suppose toujours que le plus grand nombre n'est pas en état d'entendre les expressions d'Algébre ou de Géométrie, & certains détails qui s'écartent trop des premiers principes ; je pense aussi que l'utilité qu'on en peut attendre, ne seroit point apperçûe par ceux qui ne font que s'initier, ou qui ont résolu de ne donner à cette étude que des momens de récréation qui ne prennent rien sur des occupations

plus

plus néceſſaires relativement à leur état ou à leur goût. C'eſt pourquoi, plus occupé du ſoin de me faire entendre, que du reproche qu'on me pourroit faire d'avoir abandonné le langage des Sciences dont il eſt aſſez ordinaire de ſe parer, je tâche de parler & d'écrire comme ont fait avant moi quantité d'Auteurs reconnus pour bons, & dont les Ouvrages pour la plûpart peuvent être mis entre les mains de tout le monde.

Ce n'eſt pas que je n'eſtime, comme on le doit, ces façons de s'exprimer qui ſont certainement plus préciſes, plus abregées, & qui mettent en état de ſuivre plus loin une grande partie des connoiſſances qui ſont l'objet de mes Leçons ; je m'en ſers même fort

Tome I. b

utilement, lorfque je travaille en particulier avec des perfonnes qui veulent faire une étude plus férieufe de la Phyfique, & qui s'y font préparées par celle des Mathématiques ; mais ayant égard au plus grand nombre de mes Lecteurs, je n'ai pas crû qu'il fût à propos de faire entrer dans le même Ouvrage ces calculs & ces détails, dont ils pourront abfolument fe paffer, & qui exigeroient d'eux plus d'efforts & d'application qu'on ne peut, ou qu'on ne doit en attendre ; j'ai mieux aimé les réferver pour des volumes féparés, que je pourrai donner dans la fuite par forme de Supplémens, & fous le titre d'*Annotations.*

Quoique je me fois abftenu d'employer aucune expreffion d'Algébre, aucun figne de Géo-

métrie, par ménagement pour le
Lecteur à qui ce langage ne seroit
point assez familier ; je n'ai pourtant point porté ces sortes d'é-
gards jusqu'à m'interdire l'usage
des termes consacrés : j'ai confor-
mé ma diction à celle qui est généralement reçüe, afin que la lecture de mon Ouvrage puisse servir
d'introduction à celle des autres
Livres de Physique ; mais j'ai eu
soin de distinguer ces mots par le
caractére italique, la premiére
fois qu'ils sont employés, de les
définir, & de les expliquer le plus
nettement qu'il m'a été possible.
Et pour ne point interrompre aussi le discours par des définitions
trop fréquentes, & qui seroient
inutiles pour quantité de personnes, j'ai mis à la tête de ce premier Volume un petit Diction-

naire & une Planche où les Com-
mençans trouveront l'explication
des termes qui fe rencontrent fréquemment dans le corps de l'Ouvrage, & que j'ai fuppofé être
connus du plus grand nombre.

Je ne me préfente ici fous les
aufpices d'aucun Philofophe ; ce
n'eft ni la Phyfique de Defcartes,
ni celle de Newton, ni celle de
Leibnitz, que je me fuis prefcrit
de fuivre particuliérement ; c'eft,
fans aucune préférence perfon-
nelle, & fans diftinction de nom,
celle qu'un accord général & des
faits bien conftatés me paroiffent
avoir bien établie. Pénétré de ref-
pect, & même de reconnoiffance,
pour les grands hommes qui nous
ont fait part de leurs penfées, &
qui nous ont enrichis de leurs
découvertes, de quelque Nation

qu'ils foient, & dans quelque
rems qu'ils ayent vêcu, j'admire
leur génie jufque dans leurs erreurs, & je me fais un devoir de
leur rendre l'honneur qui leur eft
dû ; mais je n'admets rien fur leur
parole, s'il n'eft frappé au coin
de l'expérience : en matiére de
Phyfique, on ne doit point être ef-
clave de l'autorité ; on devroit
l'être encore moins de fes propres
préjugés, reconnoître la vérité
par tout où elle fe montre, & ne
point affecter d'être Newtonien
à Paris, & Cartéfien à Londres.

Pour me renfermer plus exactement dans les bornes de mon
Titre, je me fuis difpenfé de rapporter les différens fyftêmes qui
ont été propofés fur le méchanifme de l'Univers, & qui ont partagé les Philofophes tant anciens.

que modernes. Quoiqu'on puffie abfolument ignorer tous ces efforts d'imagination qui, pour la plûpart, ne font point affez d'honneur à l'efprit humain, & dont le plus beau ne peut paffer que pour un ingénieux *peut-être* ; cependant on ne peut guéres fe refufer la connoiffance de ceux qui ont eu le plus de crédit, & je rapporterois volontiers ici ce qu'ont penfé Defcartes & Newton à cet égard, fi je n'avois été prévenu par un Auteur, dont l'Ouvrage* eft entre les mains de tout le monde, & qui a traité cette matiére avec le même agrément qu'on rencontre dans tous fes écrits.

C'eft encore pour ne point paffer au-delà d'une Phyfique fenfible & appuyée fur des faits, que

* Hiftoire du Ciel, liv. 2.

j'écarte foigneufement toutes les queftions métaphyfiques qui pourroient tenir en quelque forte aux matiéres que j'ai à traiter ; fi l'on eft curieux de fuppléer à cette omiffion, que j'ai faite à deffein, on pourra lire avec beaucoup de fatisfaction les ouvrages du P. Malebranche, & fur-tout celui qui a pour titre, *la Recherche de la Vérité.*

J'ai fuivi, en écrivant mes Leçons, la même méthode que j'ai coutume d'employer quand je les fais de vive voix. Je choifis dans chaque matiére ce qu'il y a de plus intéreffant, de plus nouveau, & qui me paroît le plus propre à être prouvé par des expériences. J'explique, avec le plus de précifion & de netteté qu'il m'eft poffible, l'état de la queftion ; j'en rappelle l'origine, & j'indique, autant que je le fçais, les Auteurs qui paffent pour l'avoir traitée avec le plus de fuccès : je la prouve enfuite par des opérations dont je fais connoître le méchanifme, ayant foin d'en écarter tout ce qui pourroit s'y mêler d'étranger, pour ne point partager l'attention. Enfin je raméne, foit à la queftion même, foit aux faits qui m'ont fervi de preuves, tout ce qui peut y avoir rapport dans les phénoménes de la Nature, dans les procédés des Arts, dans les machines le plus en ufage pour les commodités de la vie civile. C'eft ainfi que j'en ai toujours ufé depuis l'établiffement de mes Cours ; & quoique j'aye étudié avec attention le goût du Public à cet égard, je n'ai rien apperçû qui pût me déterminer à changer cet ordre :

j'ai

j'ai crû voir au contraire qu'il
avoit tout l'effet que je m'étois
propofé qu'il eût. Il m'a femblé
que des principes affez fouvent
abftraits, & que l'on ne pourroit
apprendre de fuite fans une application laborieufe, s'infinuoient
plus aifément dans l'efprit, lorfqu'ils étoient ainfi entrecoupés
par des expériences intéreffantes,
qui obligent d'en reconnoître &
la vérité & l'utilité.

Dans la diftribution des Matiéres qu'on doit regarder comme
le fond de cet Ouvrage, je me
fuis attaché à raffembler fous
un même titre, celles qui font
néceffairement liées enfemble,
& j'ai eu foin de faire précéder
les propofitions qui peuvent s'entendre plus facilement, & qui
doivent fervir comme de princi-

pes pour l'intelligence des autres ;
ainfi quoiqu'on puiffe à la rigueur
prendre chaque Leçon féparé-
ment, & que la plûpart ayent entr'elles une efpéce d'indépendance, je confeillerai toujours au
Lecteur, qui voudra les fuivre
avec plus de facilité & de profit,
de les voir dans l'ordre où elles
font, parce qu'il trouvera dans les
premiéres des notions qui pourront l'aider pour la fuite.

Les faits dont je me fers pour
prouver mes propofitions, ne font
pas toujours ni auffi nombreux ni
auffi nouveaux qu'ils pourroient
l'être. Ceux qui ont vû l'appareil
de mes Inftrumens, en affiftant à
mes Cours, feront peut-être furpris de ne retrouver dans les gra-
vûres de cet Ouvrage, qu'une partie de ce qu'ils ont vû dans mes

cabinets ; il eſt juſte d'expoſer les
motifs qui m'ont fait ſupprimer ce
qu'on pourroit peut-être déſirer
de plus , ſi j'annonçois ces volumes comme un recueil de mes
Démonſtrations.

Depuis que j'enſeigne la Phyſique expérimentale , j'ai eu tout
lieu de reconnoître que le moyen
le plus ſûr de captiver l'attention,
& de faire naître promptement
les idées, c'eſt , ſuivant la penſée
d'un Poëte célébre *, de parler
aux yeux par des opérations ſenſibles. En conſéquence de cette
vérité , je me ſuis pourvû de certaines machines , que j'ai imagi-
nées pour faire entendre mes
penſées aux perſonnes qui n'ont
des Sciences qu'une teinture très-

* *Segniùs irritant animos demiſſa per aures,*
Quàm quæ ſunt oculis ſubjecta fidelibus.
Horat. de Arte Poët.

légére , & pour leur faire prendre
plus facilement , & en moins de
tems , certaines notions fans lefquelles on ne faifiroit pas bien l'é-
tat d'une queftion , ou les preuves
qui en établiffent la théorie. Mais
comme ces moyens n'ont de force que dans l'ufage même qu'on
en fait , & que les piéces qui les
compofent n'expriment rien , fi
elles ne fonten jeu ; il eût été inutile d'en donner la figure ou la
defcription; c'eût été multiplier,
fans aucun avantage , des planches qui font déja affez nom-
breufes.

Une autre raifon pour laquelle
je me fuis difpenfé de repréfenter dans cet Ouvrage tout ce
qu'on voit dans mon Ecole, c'eft
que je n'ai pas crû devoir y faire
entrer plus d'expériences qu'il

n'en faut pour prouver folidement la doctrine qu'il renferme.
Je l'ai déja dit ailleurs *; je n'ai
jamais prétendu faire de mes Leçons un fpectacle de pur àmufe-
ment, où l'on vît répéter, fans
deffein & fans choix, un grand
nombre d'expériences capables
feulement d'occuper les yeux. Je
crois être plus en état que perfonne en France, de fatisfaire les
Curieux par l'affortiment des machines dont je fuis muni : mais je
ferois peu flatté qu'on ne vînt
chez moi que pour y voir opérer; & je fuppofe toujours une curiofité plus raifonnable dans mes
Auditeurs. C'eft pourquoi de tous
les faits que je fuis en état de produire pour prouver chaque Pro-

* Program. ou Idée gén. d'un Cours de
Phyf. dans la Préf. p. **x**.

pofition , je n'employe jamais
qu'un certain nombre qui foit fuffifant ; & par cette œconomie je
gagne du tems pour des chofes
plus néceffaires , & je me mets en
état de varier agréablement & utilement mes preuves , pour des
perfonnes qui affiftent plufieurs
fois à mes Cours. J'ai eu la même
attention en écrivant ; je n'ai point
voulu que le Lecteur, ébloui d'un
nombre fuperflu d'opérations, pût
perdre de vûe la doctrine qu'il s'a-
git d'établir; en lui rapportant des
faits dignes d'attention, j'ai compté mettre fous fes yeux des preuves qui affermiffent fes connoiffances. En un mot, foit en ouvrant mon Ecole au Public , foit
en lui offrant mes Leçons écri-
tes , mon intention a toujours été
qu'il y trouvât un cours de Phy-

fique expérimentale , & non pas
un cours d'expériences.

Par la defcription que j'ai donnée des Inftrumens fous le titre
de *Préparation* , je n'ai pas prétendu mettre fuffifamment au fait
de leur conftruction ceux qui
voudroient les imiter : il auroit
fallu entrer dans un détail de proportions , de choix de matiéres ,
de précautions à prendre , & bien
fouvent de connoiffances un peu
étrangéres à mon objet , qui auroit groffi confidérablement les
volumes , & cela en pure perte
pour la plûpart des Lecteurs à
qui il fuffit de voir en gros, qu'un
tel effet peut être produit par une
certaine méchanique. Mais comme je fens de refte combien il feroit utile qu'il y eût de bonnes
inftructions fur le choix des Inf-

trumens de Physique, & fur la maniére de les conftruire, pour aider le zéle des Amateurs ou des Sçavans qui s'appliquent à cette Science, & dont le nombre s'accroît tous les jours; j'ai réfolu de raffembler dans un Ouvrage féparé ce qu'un long ufage aura pû m'apprendre touchant cette matiére. Ce deffein s'exécute actuellement, & l'on en peut voir quelques fragmens dans les Mémoires de l'Académie des Sciences pour les années 1740 & 1741, où j'ai feulement fupprimé les pratiques qui regardent l'Ouvrier.

Quant au choix des expériences, j'ai quelquefois préféré celles qui font connues depuis longtemps, à d'autres plus récentes, parce que je leur ai trouvé un rapport plus direct aux propofitions

que j'avois à prouver, ou parce
qu'elles donnoient lieu à des applications plus intéreffantes, ou
bien enfin parce qu'elles m'ont
paru trop belles pour être omifes;
leur date alors m'a femblé d'autant plus indifférente, que, comme cet Ouvrage n'eft point fait
pour des Sçavans de profeffion,
la plûpart de ceux qui les y ver-
ront, leur trouveront encore tout
l'agrément de la nouveauté : &
d'ailleurs les chofes n'ont-elles de
mérite qu'autant qu'elles font
nouvelles ?

On me reprochera peut-être
d'avoir fait entrer dans les *appli-*
cations quelques remarques d'u-
ne mince utilité ; foit que l'objet
en mérite peu la peine, foit qu'elles fe préfentent d'elles-mêmes
à tout le monde : mais on doit

faire attention que cet Ouvrage
n'eſt pas fait ſeulement pour des
perſonnes qui ont déja vêcu un
certain temps dans le monde, &
à qui l'uſage a donné quelques
idées, obſcures & confuſes à la
vérité, mais avec leſquelles on
peut ſentir les cauſes prochaines
de ces effets les plus communs.
Je le deſtine principalement aux
jeunes gens de l'un & de l'autre
ſexe, qui paſſent les premiéres années de leur vie dans des Colléges ou dans des Penſions, pour
qui tout eſt nouveau dans la Nature, dont l'eſprit eſt naturellement avide de ces ſortes de connoiſſances, & qu'il convient d'ac-
coutumer, par des exemples faciles & familiers, à des idées claires & diſtinctes, & à des induc-
tions judicieuſes; car, c'eſt la

réflexion d'un Sçavant * bien res-
pecté, & bien digne de l'être,
qu'il est toujours utile de penser
juste, même sur des sujets inutiles.

Au reste il faut prendre garde
de confondre l'effet avec sa cause ; l'un pourroit être connu du
Paysan le moins instruit, pendant
que l'autre ne le seroit pas du plus
sçavant Philosophe. Quelqu'un
ignore-t-il qu'une éponge, une
pierre tendre, un morceau de sucre se mouille entiérement avant
que d'être tout-à-fait plongé ?
mais quelqu'un sçait-il bien pourquoi cela se fait ? D'ailleurs les
phénoménes les plus communs
ne le paroissent pas toujours également, quand on les considére
par toutes les faces. Tout le mon-

* M. de Fontenelle, Hist. de l'Acad. des
Scienç. 1699. dans la Préf. p. xi.

de fçait qu'une pierre tombe en vertu de fa péfanteur ; mais tout le monde ne fçait pas qu'en tombant elle doit parcourir des efpaces qui répondent aux quarrés des tems de fa chûte. En faifant application de ce dernier effet, après l'avoir prouvé, fi je dis qu'une bouteille ou un verre peut fe caffer en tombant, affûrément je n'inftruis perfonne ; fi je dis encore qu'en tombant de plus haut, les corps fragiles courent un plus grand rifque, cette vérité ne paroîtra pas plus neuve que la premiére : mais fi j'ajoute qu'un Corps grave en tombant fe brife en vertu de fa chûte accélérée, & qu'on peut prévoir l'effort qu'il fera capable de faire à la fin de cette chûte, en mefurant la hauteur du lieu d'où il tombe ; je ne

crois pas que cette obfervation
foit inutile pour tous ceux à qui
je la propofe; & fi quelqu'un après
l'avoir lû fe plaignoit que j'aye
voulu lui apprendre qu'un verre
peut fe caffer en tombant, ou qu'il
fe brife plus fûrement en tombant
de plus haut, il feroit voir qu'il a
peu de difcernement, ou beaucoup de mauvaife volonté.

Graces au bon goût qui regne
dans notre fiécle, je puis me dif-
penfer de proüver que la Phyfique eft utile, & qu'il n'y a perfonne qui ne puiffe prendre part aux
découvertes dont elle s'enrichit
tous les jours. Quoique cette
Science porte un nom Grec, on
fçait maintenant que fon objet
n'eft point étranger; que les connoiffances qu'elle offre, intéreffent
tout le monde; & que lorfqu'elle

prononce par la voix de l'expérience, elle peut être entendue à
tout âge & en tous lieux. L'étude de la Nature étoit encore,
pour ainſi dire, au berceau ; la
connoiſſance qu'on avoit de ſes
phénoménes & de leurs cauſes,
méritoit à peine le nom de Science, qu'un des plus grands hommes de l'Antiquité la vantoit déja comme une reſſource pour
l'eſprit humain, comme une oc-
cupation dont il pouvoit tirer
avantage dans tous les tems &
dans toutes les circonſtances de
la vie *. Avec combien plus de
raiſon ne pourroit-on pas la re-
commander comme telle, à pré-

* *Hæc ſtudia adoleſcentiam alunt, ſenectu-
tem oblectant ; ſecundas res ornant, adverſis
perfugium ac ſolatium præbent ; delectant do-
mi, non impediunt foris ; pernoctant nobiſ-
cum, peregrinantur, ruſticantur.* Cic. pro
Archia Poët. n°. 16.

fent qu'elle occupe dans tous les
états policés des compagnies de
Sçavans, que les Princes hono-
rent de leur protection, & qu'ils
entretiennent par leurs libérali-
tés ; à préfent, dis-je, que fes progrès s'annoncent tous les ans par
des volumes, où chacun peut
puifer felon fon goût, ou felon
fes befoins, des connoiffances,
dont le moindre avantage eft
d'orner l'efprit.

Quelque état que l'on prenne
dans le monde, il eft bien rare
que l'on n'ait pas à réfléchir fur
la force des Corps qui fe meuvent par leur poids, ou autrement, fur celle des animaux, fur
l'impulfion & le mouvement des
fluides, fur l'action & fur les effets d'une infinité de machines,
nouvelles ou anciennes, touchant

le choix defquelles on a fouvent intérêt de fçavoir décider à propos. Eſt-il poſſible de voir ces effets admirables des téleſcopes, des lunettes, des microſcopes, dont l'uſage eſt aujourd'hui ſi commun, ſans déſirer d'en connoître la méchanique & les propriétés, ſur leſquelles la conſtruction de ces inſtrumens eſt fondée? A qui peut-il être inutile d'apprendre ce qu'il y a de nouveau dans une Science d'où dépendent nos amuſemens les plus raiſonnables, nos commodités, nos beſoins? A qui peut-il être indifférent de fçavoir ou d'ignorer des choſes qui peuvent occuper, au moins agréablement, dans des tems & dans des lieux où les douceurs de la ſociété nous manquent?

Mais

Mais l'avantage le plus précieux, & que toute ame bien née
ne manque pas de reſſentir en
étudiant la Nature, c'eſt la né-
ceſſité où l'on eſt de reconnoître
par-tout l'Etre ſuprême qui a formé ce vaſte univers, & qui préſi-
de ſans ceſſe à ſes propres œuvres. Plus on avance dans cette
étude, plus on eſt convaincu que
ce qui en fait l'objet, n'eſt point
une production du hazard ; tout
y annonce une puiſſance infinie
qui étonne, une ſageſſe profon-
de qu'on ne peut aſſez admirer,
des intentions & une bonté qui
méritent toute notre reconnoiſſan-
ce. Ces merveilles que nous avons
ſous les yeux parlent au cœur autant qu'à l'eſprit ; en éclairant l'un,
il eſt naturel qu'elles touchent
l'autre ; ce que nous en apprenons,

Tome I.   d

en nous rendant moins ignorans
que le vulgaire, peut auffi faire
naître en nous des fentimens plus
vifs, & nous rendre plus fidéles à
nos devoirs.

Un illuftre Prélat *, en faifant
l'hiftoire de l'éducation d'un
grand Prince qui lui avoit été
confiée, me fournit un exemple
& une preuve bien authentique
des bons effets qu'on peut attendre de la Phyfique, lorfque les
principes de cette Science font
enfeignés avec deffein & avec
choix, & que celui qu'on en inftruit eft capable de réflexion. Je
finis cette Préface par la traduc-
tion de fes propres paroles, telle
qu'on la trouve dans celui de fes

* M. Boffuet, Evêque de Meaux, dans
fa Lettre Latine au Pape Innocent XI. touchant l'éducation de feu Monfeigneur le
Dauphin, p. 16.

Ouvrages qui a pour titre, *Poli-
tique tirée de l'Ecriture Sainte* , p.
41. * « Pour l'expérience des cho-
» ſes naturelles, dit-il, nous avons
» fait faire devant le Prince les
» plus néceſſaires & les plus bel-
» les. Il n'y a pas moins trouvé
» de profit que de divertiſſement ;
» elles lui ont fait connoître l'in-
» duſtrie de l'eſprit humain & les
» belles inventions des Arts , ſoit
» pour découvrir les ſecrets de la
» Nature , ou pour l'embellir , ou
» pour l'aider. Mais ce qui eſt plus
» conſidérable , il y a découvert
» l'art de la Nature même, ou plû-

* *Experimenta verò rerum naturalium ſic
exhibere fecimus , ut in his Princeps ludo ſua-
viſſimo atque utiliſſimo , humanæ mentis hiſto-
riam , præclaraque artium inventa, quibus na-
turam & retegerent & ornarent, interdum ad-
juvarent ; ipſam denique naturæ artem, immò
ſummi Opificis & patentiſſimam & occultiſſi-
mam providentiam miraretur.* Boſſuet , lo-
co citato.

» tôt la Providence de Dieu , qui
» eſt tout à la fois ſi viſible & ſi
» cachée. «

EXPLICATIONS

De quelques termes de Géométrie
employés dans cet Ouvrage.

AIRE, superficie ou espace enfermé dans une figure quelconque; l'aire du cercle, par exemple, est l'étendue qui est terminée par la circonférence.

ANGLE, ouverture de deux lignes qui se rencontrent en un point comme *AC, BC, fig.* 1. le point de concours se nomme le *sommet* ou la *pointe* de l'angle. On distingue principalement trois sortes d'angles; sçavoir, l'angle *aigu*, l'angle *droit*, & l'angle *obtus* : l'angle aigu est celui dont l'ouverture embrasse moins que le quart d'un cercle qui auroit pour centre le sommet de l'angle, comme *ACB, fig.* 1. l'angle droit est celui dont l'ouverture embrasse justement un quart de cercle, comme *ACD*; & l'angle obtus est celui dont l'ouverture est plus grande qu'un quart de cercle, comme *ACE*.

ANGULAIRE, qui a un ou plufieurs angles ; ce terme eft quelquefois employé pour fignifier qu'un corps eft tranchant par plufieurs endroits.

ARC, partie de la circonférence d'un cercle. Comme toute cette ligne eft divifée en 360 parties égales, les arcs fe diftinguent entre eux par le nombre de ces parties ou degrés qu'ils contiennent; ainfi l'on dit, un arc de 10, de 30, de 50 degrés. Celui qui en contient juftement 90, fe nomme plus ordinairement *quart de cercle* ; comme lorfqu'il en a 180, on l'appelle communément *demi cercle*; tels font les arcs *A B D , A D F, fig.* 1. On donne auffi le nom d'arc aux parties de toutes les autres courbes qui ne font point circulaires ; on dit l'arc d'une parabole, d'une ellipfe, &c.

ATMOSPHERE, vapeurs, ou exhalaifons qui fortent d'un corps, & qui l'entourent uniformement jufqu'à une certaine étendue; ce mot s'entend communément de la maffe d'air qui enveloppe le globe terreftre, & qui reçoit tout ce qui s'exhale continuellement de la terre.

AXE, ligne droite qu'on fuppofe immobile pendant que le corps qu'elle traverfe fait fa révolution autour d'elle.

l'axe d'une fphere ou d'un globe, eft une ligne droite qui paffe au centre, & qui aboutit à deux points oppofés de la furface, qu'on nomme *pôles*. L'axe d'un cône eft auffi une ligne droite qui commence au fommet, & qui aboutit au centre de la bafe, comme *IK*, *fig.* 2.

BASE, ce qui fert de fondement & d'appui à quelque corps ou à quelque machine; on appelle la bafe d'un cône ou d'une pyramide, le plan le plus bas qui les termine, comme le cercle repréfenté par *LMK*, *fig.* 2.

CENTRE, milieu, ou l'endroit qui eft également diftant de toutes les parties oppofées & correfpondantes d'un même corps. Le centre du cercle eft un point également éloigné de tous ceux qui compofent la circonférence, comme *C*, *fig.* 1. Le centre d'une fphére ou d'un globe, eft le point qui eft également diftant de toute la fuperficie. On donne quelquefois le nom de centre à un point qui n'eft pas également diftant de tous ceux qui terminent la figure; il fuffit qu'il partage en deux parties égales tous fes diamétres: ainfi *P* peut être regardé comme le centre de l'ellipfe repréfentée par la *fig.* 3.

CERCLE, figure terminée par une ligne courbe, dont tous les points *A, D, F, G*, &c. font également diftans d'un autre point *C*, qu'on nomme *le centre*, *fig.* 1. On eft convenu de divifer tout cercle, petit ou grand, en 360 parties égales, qu'on nomme *degrés*; de forte que ces parties font toujours proportionnelles, c'eft-à-dire, plus grandes dans les grands cercles, plus petites dans les plus petits, mais toujours en même nombre dans les uns & dans les autres. Chaque degré fe fubdivife en 60 *minutes*, chaque minute en 60 fecondes, & chaque feconde en 60 *tierces*. Dans la fphere on diftingue deux fortes de cercles, les grands & les petits. Les premiers font ceux dont le diamétre paffe au centre même de la fphere, tels font l'Equateur, l'Horizon, le Zodiaque, &c. On appelle petits cercles, ceux dont le plan ne partage pas la fphere en deux parties égales; ou, ce qui eft la même chofe, dont le centre n'eft pas le même que celui de la fphere : tels font les cercles polaires, & les deux tropiques.

CIRCONFERENCE, ligne courbe qui rentre fur elle-même, qui termine & renferme un certain efpace; telle eft la ligne

ligne *QTRS, fig. 3.* ou *ADFG, fig. 1.* On confond assez souvent le cercle avec sa circonférence; cependant, à parler exactement, la circonférence est une ligne qui termine, & le cercle est l'espace terminé.

CIRCULAIRE, qui a la forme d'un cercle, ou qui se fait en tournant autour d'un centre; le mouvement d'une fronde est circulaire.

CONCAVE, qui est creux & rond; le dedans d'une calote, ou d'un chapeau est concave.

CONCENTRIQUE, qui a le même centre; le cercle *noh, fig. 4.* est concentrique à *NOH*, parce que le centre *C* est commun aux deux.

CONE, corps solide formé par la révolution d'une ligne droite fixée par un bout, & qui décrit par l'autre un cercle dont le rayon est plus petit qu'elle; c'est la forme qu'on donne communément aux pains de sucre; *voyez la fig. 2.* le point *I* se nomme le *sommet* ou la *pointe* du cône; la ligne *IK*, son *axe*; & le cercle *LMK*, sa *base*.

CONIQUE, qui a la figure d'un cône, ou qui appartient au cône; les différentes figures qui naissent de la coupe d'un cône, se nomment *sections coniques.*

CONVERGENTS, se dit de deux rayons de lumiere qui tendent à se réunir en un point. Si *A C*, *B C*, *fig.* 1. étoient deux rayons de lumiere qui partissent des points *A* & *B* ; leur *convergence* seroit en *C*, & le degré de cette convergence seroit exprimé par la valeur de l'angle *A C B*.

CONVEXE, courbé ou cintré comme la surface extérieure d'un globe.

CORDE, en terme de Géométrie, est une ligne droite dont les extrémités terminent un arc de cercle comme *N O*, *fig.* 4. Cette ligne se nomme aussi *soûtendante*. Si l'arc qu'elle mesure étoit la moitié de la circonférence, ou bien si elle passoit au centre du cercle, alors elle se nommeroit *diamétre*.

COURBE, se dit d'une ligne dont toutes les parties ne sont pas dans la même direction ; telle que l'arc *A B D*, *fig.* 1. On appelle aussi surface courbe, celle dont toutes les parties ne sont pas dans le même plan ; telle est celle d'un globe, d'un cylindre, &c.

CUBE, corps solide régulier, terminé par six faces quarrées & égales : les dez à joüer sont de petits cubes ; *voyez la fig.* 5.

CUBIQUE, qui a les dimensions d'un cube; un pied cubique exprime une quantité de matiere contenue sous six faces, dont chacune est d'un pied en quarré.

CURVILIGNE, qui est composé de lignes courbes.

CYLINDRE, est un solide composé de plusieurs plans circulaires, égaux & concentriques: le premier & le dernier de ces cercles prennent le nom de *base*, & la ligne *A B* qui passe par tous les centres, se nomme l'*axe* du cylindre. *Voyez la fig.* 7.

CYLINDRIQUE, qui a la forme ou les dimensions d'un cylindre; ce qui doit s'entendre d'une cavité, comme d'un corps solide. Un corps de pompe, doit être intérieurement bien cylindrique.

DIAGONALE, ligne droite qui va d'un angle à l'autre opposé, dans une figure à plusieurs côtés; telle est *V X*, *fig.* 6.

DIAMETRE, ligne droite qui partage un cercle en deux parties égales, comme *G D*, *fig.* 1. On appelle aussi de ce nom les lignes qui passent par le centre des autres figures, comme *S T*, *fig.* 3, ou *V X*, *fig.* 6. On mesure les cercles par leurs diamétres, comme auffi toutes les figures, & tous les corps réguliers qui font compofés de cercles; ainfi l'on compare les cylindres & les fphéres par leurs diamétres.

DIVERGENTS, fe dit de deux rayons de lumiere qui partent d'un même point, & qui vont en s'écartant l'un de l'autre, comme *C A*, *C B*, partant du point *C*, *fig.* 1. la *divergence* fe mefure par la valeur de l'angle que font les rayons en s'écartant.

EQUILATERAL, qui a fes côtés égaux, tel eft le triangle *C D E*, *fig.* 8. compofé de trois lignes égales; celui des côtés fur lequel le triangle eft pofé, fe nomme fa *bafe*, & l'angle qui eft oppofé, s'appelle le *fommet*.

EXAGONE, qui a fix côtés ou fix faces; on dit un plan exagone, une pyramide exagone.

EXCENTRIQUE, qui n'a pas le même centre; le cercle *o h i*, *fig.* 4. eft excentrique aux deux autres de la même figure, parce que fon centre *D* n'eft pas le même que le leur qui eft en *C*; & la diftance qui eft entre *C* & *D*, eft la mefure de cette *excentricité*.

GLOBE, eft un folide régulier,

dont tous les points de la furface font
également diftans. d'un centre commun,
fig. 9.

GLOBULE, petit globe : on fe
fert fouvent de ce mot pour fignifier un
petit corps rond dans tous les fens ; le
mercure en fe divifant fe met en globules ; les petites parties d'air paroiffent
dans l'eau en forme de globules.

HEMISPHERE, moitié de fphere ou
de globe : on entend affez fouvent par
ce mot, cette partie de la terre qui eft
bornée par l'horizon rationel ; le Soleil
éclaire tous les jours notre hémifphere.

HORIZONTAL, parallele à l'horizon :
ce mot défigne la pofition d'un plan ou
d'une ligne.

INCIDENCE, fignifie la chûte ou
la direction d'une ligne fur une autre ligne ou fur un plan : on appelle *angle*
d'incidence, celui qui eft formé par cette rencontre.

LIGNE, eft une fuite de points qui
fe touchent : s'ils font dans la même direction, ils forment une *ligne droite*,
comme *E F*, *fig.* 10. finon ils font une
ligne courbe comme *E G F*. On conçoit
toutes les lignes courbes comme des af-
femblages de lignes droites infiniment

petites, inclinées les unes aux autres ;
E f, f g, g h, i k l; *fig.* 10. en ce sens il n'y
a point de ligne courbe proprement dite.

O B T U S, se dit d'un angle qui a
plus de 90 degrés. *Voyez* Angle.

P A R A L L E L E, se dit d'une surface
ou d'une ligne qui, dans toute son étendue, est également distante d'une autre
ligne ou d'une autre surface. Les lignes
X x & V u, de la *fig.* 6. sont paralleles
entre elles.

P A R A L L E L O G R A M M E, figure plane
dont les côtés opposés sont paralleles
entr'eux ; telle est la *fig.* 6.

P E N T A G O N E, figure plane, terminée par cinq côtés.

PERPENDICULAIRE, en parlant d'u-
ne ligne ou d'une superficie, signifie
qu'elle se présente à une autre ligne ou
surface, de maniere qu'elle fait avec elle
deux angles droits, ou au moins un ; la
ligne *H I*, *fig.* 11. est perpendiculaire
à *L M*.

P L A N, étendue ou superficie droite & unie, terminée par une ou par plusieurs lignes droites ou courbes ; la *fig.*
1. représente un plan circulaire ; la *fig.*
6. représente un plan quarré.

P O I N T, étendue fort petite, dont

on confond les dimensions.

POLE, l'une des extrémités de l'axe autour duquel se font des révolutions. Les pôles du Monde sont les deux points immobiles autour desquels se fait le mouvement de toute la sphére.

POLYGONE, figure qui a plusieurs côtés ; c'est le nom générique dont les espéces sont, le triangle, le quarré, le pentagone, l'exagone, &c.

PRISME, Corps solide terminé aux deux bouts par des plans polygones, égaux, semblables & paralléles, & dans sa longueur, par autant de parallélogrammes qu'il y a de côtés aux deux polygones qu'on nomme les *bases*. Quand ces deux bases sont des triangles, le prisme se nomme *triangulaire*, tel est celui qui est représenté par la *fig.* 12.

PRISMATIQUE, qui a la figure d'un prisme, ou qui a quelque rapport au prisme : on appelle *verres prismatiques*, ceux dont on se sert pour séparer les rayons de la lumiére ; on appelle aussi quelquefois. *couleurs prismatiques* les rayons colorés de lumière, qu'un prisme de verre fait appercevoir.

PYRAMIDE, Corps solide qui a plusieurs faces, & qui s'éléve en diminuant,

fig. 13. Le cône peut être regardé comme une pyramide ronde.

QUADRILATERE , figure terminée
par quatre lignes droites. La *figure* 6. eft
un quadrilatére régulier.

QUARRE' , figure à quatre côtés, qui
a les quatre angles droits ; fi les quatre
côtés font égaux, elle fe nomme *quarré parfait*; s'il y en a deux longs & deux
courts, qui foient oppofés entr'eux,
elle fe nomme *quarré long* ; la *fig.* 6. eft
de la premiére efpéce.

RAYON , en parlant d'un cercle, eft
une ligne droite tirée du centre à la circonférence, telle eft *CB* , ou *CD* , *fig.*
1. le rayon du cercle s'appelle auffi *de-
mi-diamétre.*

RECTANGLE , fe dit d'une figure qui
a un, où plufieurs angles droits : le triangle *YXu*, *fig.* 6. eft rectangle, parce
que l'un de fes angles *u* eft droit.

RECTILIGNE, qui eft compofé de lignes
droites ; les deux triangles, ou le quarré
de la *fig.* 6 font des figures rectilignes.

SECTEUR, eft un triangle formé par
un arc & par deux rayons : tel eft *ABC*,
fig. 1. Le fecteur d'une fphére eft un cône
droit , dont la bafe aboutit au plan d'un
fegment.

SEGMENT, eſt une portion d'une figure curviligne, terminée par un arc &
par une corde; *O Z N, fig.* 4. eſt un
ſegment de cercle. On dit auſſi *ſegment
de ſphére*, pour exprimer la partie qui
eſt contenue ſous une portion de la ſurface convexe, & ſous un plan qui ne
paſſe point par le centre; c'eſt en quoi
le ſegment différe de l'hémiſphére.

SINUS, eſt une ligne droite qu'on tire
de la pointe d'un arc de cercle, perpendiculairement ſur le diamétre qui paſſe
par l'autre bout du même arc, & celui-
là s'appelle *ſinus droit* : comme *H K*,
fig. 1. mais la partie du diamétre coupé
par le ſinus droit juſqu'à la circonférence, s'appelle *ſinus verſe*, ou *fléche*,
K G ; & le rayon entier, ou demi-dia-
métre, eſt le *ſinus total*, ou le plus grand
de tous les ſinus.

SPHÉRE. Voyez GLOBE.

SPHÉRIQUE, qui a la figure d'une
ſphére, comme une balle parfaitement
ronde de toutes parts.

SPHÉROÏDE, Corps ſolide qui approche beaucoup de la figure ſphéri-
que, mais qui n'eſt pas parfaitement
rond de toutes parts, n'ayant point tous
ſes diamétres égaux; telle eſt la figure

qu'on attribue maintenant à la Terre.

TRIANGLE , figure comprise fous trois lignes qui forment trois angles, *C D E* , *fig.* 8. Les triangles reçoivent différens noms , fuivant la nature des lignes & des angles qui les compofent. Ainfi l'on appelle triangle *rectiligne* celui qui eft compofé de lignes droites ; *curviligne* , celui qui eft formé par des lignes courbes ; *mixte* , celui dont les côtés font en partie droits & en partie courbes ; *rectangle* , celui qui a un angle droit ; *équilatéral* , celui dont les trois côtés font égaux , &c.

VERTICAL, fe dit de ce point du Ciel qui répond directement au-deffus de notre tête , ce que l'on nomme autrement *Zénith* : une ligne qui tombe à plomb de ce point , eft néceffairement perpendiculaire à l'horifon ; c'eft pourquoi l'on fe fert quelquefois de ce mot pour exprimer une direction qui tombe à angles droits fur un plan horizontal.

AVIS AU RELIEUR.

Les Planches doivent être placées de manière qu'en s'ouvrant elles puissent sortir entièrement du livre, & se voir à droite, dans l'ordre qui suit.

LEÇON

LEÇONS DE PHYSIQUE EXPÉRIMENTALE.

xxxxxxxxxxxxxxxxxxxxxxxxxxx

PREMIERE LEÇON.

PRÉLIMINAIRE.

L A Physique est la science des corps ; son objet est de les connoître par leurs propriétés, par les effets qu'ils présentent à nos sens, & par les loix selon lesquelles s'exercent leurs actions réciproques. C'est en quoi principalement elle diffère de l'Histoire Naturelle, qui nous apprend seulement quelles sont les productions de la nature, & les différences sensibles qui les caractérifent felon leurs genres & leurs efpéces.

Nous appellons *Corps naturels* toutes les fubftances matérielles dont l'affemblage compofe l'Univers. Ce que nous remarquons en elles d'uniforme & de conftant dont nous n'appercevons pas les caufes, nous le nommons *propriété* ; & nous partons de-là comme d'un point fixe, pour expliquer les différens phénoménes, fans ofer affurer que ce que nous donnons pour premiére caufe phyfique, ne foit l'effet d'un autre principe qui nous eft inconnu.

Si nous étions certains d'avoir entiérement pénétré la nature des corps, fi nous fçavions, à n'en point douter, qu'ils n'ont pas d'autres propriétés que celles qui font déja parvenues à notre connoiffance, nous pourrions nous-flatter avec raifon d'en avoir une idée complette, & nous n'aurions plus que des applications à faire pour rendre raifon des effets naturels, qui font l'objet de notre étude. Mais il s'en faut bien que nous puiffions le préfumer ; rien ne nous met en droit de faire une pareille fuppofition ; l'expérience qui nous a appris ce que nous fçavons de ces propriétés des corps, bien loin de nous dire qu'elle n'a plus rien à nous faire connoître, femble au contraire nous annoncer une fource intariffable de nouvelles découvertes, par celles mêmes que nous faifons tous les jours.

Quoique la Phyfique ne puiffe pas fe vanter de fçavoir tout ce que les corps ont de commun entre eux, ou tout ce qu'il y a de particulier en chacun ; elle connoît cependant un certain nombre d'attributs, qu'elle regarde comme primitifs jufqu'à ce qu'elle apperçoive une caufe premié- re dont ils foient les effets, & qui fe trouve généralement & d'une maniére abfolue dans tout ce qui eft matiére. Telle eft, par exemple, l'é- tendue actuelle, la figure en géné- ral, la mobilité, &c. qui accompa- gnent tous les corps d'une maniére inféparable, dans quelque état ou dans quelque circonftance qu'ils puif- fent être.

Il eft des propriétés d'un ordre in- férieur, qui ne conviennent à tous les corps qu'autant qu'ils sont dans certains états ou dans certaines circonstances : celles-ci pour l'ordinaire ne sont que des combinaisons des premiéres, & forment une seconde classe. Telle est, par exemple, la *liquidité*, qui dépend probablement de la mobilité respective des parties, de leur figure, de leur grandeur, &c. elle ne convient qu'aux matiéres qui sont dans cet état qui les fait nommer *liqueurs* : elle appartient à l'eau qui peut couler, & point à la glace, quoique ce soit le même corps.

Enfin ces propriétés du premier & du second ordre, se combinent de plus en plus, & conviennent à un nombre de corps d'autant moindre : alors elles ne s'étendent plus à tous comme les premiéres ; elles n'embrassent point certains états comme les secondes ; elles se bornent à des genres, à des espéces, aux individus même. Telles sont plusieurs propriétés de l'air, du feu, de la lumiére, des métaux, de l'aimant, &c. Nous allons traiter d'abord des propriétés les plus générales ; & nous descendrons ensuite dans le détail de zelles qui font particuliéres à certains corps.

PREMIERE SECTION.

De l'étendue & de la divifibilité des Corps.

CE qui fe préfente le premier à nos idées ou du moins à nos fens, quand nous examinons les corps qui nous environnent ; c'eft leur *étendue*, c'eft-à-dire , une grandeur limitée d'une façon quelconque, à laquelle on conçoit des parties diftinguées les unes des autres.

L'étendue matérielle dont il s'agit ici, a trois dimenfions, *longueur, largeur, & profondeur*, que les Géomé-tres confidérent & mefurent féparé-ment l'une de l'autre , mais qui font inféparables en Phyfique : car le plus petit corps eft folide ; il a au moins deux furfaces réellement diftinguées ; & comme la profondeur eft compo-fée de furfaces , & que les furfaces réfultent d'un affemblage de lignes ,

A iij

il s'enfuit que le moindre de tous les corps eſt long , large , & profond.

Tous les grands corps , je veux dire ceux dont l'étendue eſt aſſez grande pour être viſible ou palpable , peuvent ſe partager en pluſieurs portions , qui décroiſſent toujours de grandeur , à proportion que la diviſion augmente , juſqu'à ce qu'enfin chacune d'elles échape à nos ſens. C'eſt ainſi que la lime réduit comme en poudre , un morceau de métal que le ciſeau a ſéparé d'une plus groſſe maſſe.

Quelque petites que nous paroiſſent alors ces portioncules de matiére , on ſe perſuade aiſément qu'elles ſont encore diviſibles ; les Arts nous font connoître par mille procédés différens , que ces petits corps ſont eux-mêmes des aſſemblages de *molécules* ou petites maſſes ſéparables les unes des autres ; le grain de froment que la meule met en farine , ſe ſubdiviſe encore bien davantage dans l'eau qui l'aide à fermenter.

Ces molécules elles-mêmes qui ne ſont ſenſibles que lorſqu'elles ſont pluſieurs enſemble , & que nos yeux peuvent à peine diſtinguer les unes

des autres avec le meilleur microſcope, ſe décompoſent encore en bien
des occaſions, & nous font connoître
d'une maniére évidente, qu'elles ont
des *parties* qui peuvent être ſéparées
les unes des autres, & qui bien ſouvent ne ſe reſſemblent pas. Un morceau de bois mis au feu, ceſſe bien-
tôt d'être du bois : non-ſeulement les
moléçules qui compoſent ſa maſſe,
ſe déſuniſſent ; mais les parties même
que la nature avoit liées enſemble
pour former ces molécules, cédent
auſſi à l'action du feu, & paroiſſent
ſéparément ſous la forme de fumée,
de flamme, de cendres, &c.

Enfin ces derniéres parties, ſouvent différentes entre elles, mais
dont l'union formoit de petites maſſes ſemblables dans un même tout ;
ces parties, dis-je, ne ſont point encore des êtres que nous puiſſions regarder comme abſolument inſéca-
bles. Quoiqu'on leur donne quelquefois le nom de *principes*, c'eſt plutôt
une dénomination d'uſage, qu'un titre
ſur lequel on puiſſe s'appuyer pour
leur attribuer l'indiviſibilité phyſique.
On a raiſon de croire que dans l'état

où elles se présentent ordinairement, elles n'ont point acquis le dernier dégré possible de petitesse ; elles ont leurs *Elémens*, & ces Elémens sont encore de nature différente dans plusieurs : tel est, par exemple, le soufre qu'on regardoit autrefois comme une de ces substances inaltérables, employées par la nature dans la composition des corps, & qu'une Physique plus éclairée trouve encore le moyen de décomposer, & même d'imiter.

Mém. de l'Acad. 1704. p. 278.

Mais quand nous avons épuisé tous nos efforts pour diviser une matiére, que les procédés nous manquent, & que l'expérience refuse de nous éclairer ; que devons-nous penser de la divisibilité des corps ? & quelle doit être la régle de nos conjectures ? devons-nous croire que tout est fait ; que nous avons poussé la nature jusques dans ses derniers retranchemens, & que nous sommes arrivés à ces petits corps simples, avec lesquels on peut croire qu'elle a commencé l'ouvrage que nous avions entrepris de décomposer ?

Il y auroit de la présomption à le penser ; & les difficultés même que

nous avons trouvées dans nos tenta-
tives, doivent au moins nous faire
foupçonner le contraire. Quand nous
entreprenons de divifer un corps,
l'exécution endevient de plus en plus
difficile, à mefure que les pa... divifées décroiffent de grand... ...
que nous ne pouvons ... ...
qu'en faifant agir entre ell...
tiére étrangére qui les défui...
en les faififfant extérieurement po...
les forcer à fe féparer : plus elles deviennent minces, moins elles donnent
de prife aux moyens qu'on employe;
& leur défunion eft d'autant plus difficile, qu'elles fe reffemblent davantage, ou qu'elles approchent plus de la
premiére fimplicité, foit qu'elles fe
touchent alors par des furfaces plus
analogues, foit qu'il fe trouve peu de
corps plus durs & plus petits qu'elles
pour les entamer. Il eft donc tout
naturel de croire que quand une matiére ne fe divife plus, c'eft bien moins
parce qu'elle n'a plus de parties à divifer, que parce qu'il n'y a plus rien
d'affez fubtile pour interrompre fa
continuité.

La matiére eft-elle donc divifible à
l'infini ?

Ce que nous avons dit jusqu'ici, n'engage point à le conclure ; & cette question qui fait tant de bruit dans les Ecoles, paroît se réduire à peu de choses quand on veut s'entendre. Car s'il s'agit d'une divisibilité purement idéale, il est évident qu'on peut répondre par l'affirmative ; puisqu'alors tout se réduit à sçavoir si l'on conçoit toujours comme divisible un corps, quelque divisé qu'il puisse être : or il est certain qu'on le conçoit ainsi ; on imagine encore deux moitiés dans la plus petite particule : les surfaces qui la renferment, quoiqu'infiniment rapprochées, ne se confondent jamais ; & l'on pourra toujours dire la même chose à chaque nouvelle division qu'on voudra feindre. Cette divisibilité imaginaire n'a donc point de bornes, de sorte que si l'Art & la Nature s'entendoient pour exécuter tout ce que nous pouvons penser, on pourroit trouver dans l'aîle de la plus petite mouche un nombre de parties qui égaleroit enfin celui des grains de sable qui se rencontrent sur les bords de tout l'Océan : proposition qui ne peut paroître paradoxe, qu'à ceux

qui confondroient la comparaison de
nombres (qui est la seule dont il
s'agit ici) avec celles des grandeurs
matérielles.

Mais la nature est-elle aussi fécon-
de que notre imagination ? ce que
nous concevons comme possible, a-
t-il lieu dans le réel ? Ces petites portions d'étendue qui se touchent sans
se confondre, pour être réellement
distinguées l'une de l'autre, sont-elles
pour cela actuellement divisibles ?
Ont-elles jamais existé, ou est-il même de leur nature de pouvoir exister
séparément l'une de l'autre ? C'est sur
quoi l'expérience n'a rien prononcé
de certain ; & comme en matiére de
Physique les preuves tirées des faits
sont les seules qui éclairent, on peut
dire que cette question est indécise.

Cependant plusieurs Philosophes
en supposant des bornes à cette divisibilité physique, ont pris le parti de dire que les Elémens des Corps étoient
absolument *insécables*, & que la nature même en les formant s'étoit im-
posé comme une loi de ne les jamais
diviser. Ils citent pour preuve une
expérience de six-mille ans ; c'est pour

cela, difent-ils, que l'état naturel
des chofes a toujours fubfifté le même
depuis fa première origine ; un chêne
eft toujours un chêne ; un cheval eft
aujourd'hui ce qu'il étoit au commencement ; fi les Germes, ou ce qui
conftitue chaque nature en particulier, étoit quelque chofe de divifible,
la nature en général n'auroit-elle pas
changé de face, par les différentes
mutations qu'auroient fouffertes les
efpéces particuliéres ?

Quoique j'aye plus de penchant
pour admettre les *Atômes* ou Corpufcules infécables, que pour fuppofer la matiére phyfiquement divifible
à l'infini ; je ne puis diffimuler cependant que l'argument que je viens de
citer, tout fpécieux qu'il eft, n'a point
affez de force pour décider la queftion, & qu'on y peut répondre vali-
dement. Car, quand bien même ces
petits Etres, production immédiate
de la création, ne feroient point infécables, comme on le fuppofe, l'Auteur de la nature n'auroit-il pas pour-
vu fuffifamment à la durée de fes œuvres, en ne laiffant dans le monde que
des moyens impuiffans pour en dé-

ranger l'oeconomie ? Que l'on prouve donc que l'indivifibilité abfolue
des parties primordiales eft la feule
voie qu'ait dû prendre la fageffe du
Créateur pour rendre chaque efpéce
inaltérable. Mais fi cette admirable
uniformité avec laquelle nous voyons
que la nature fe reproduit tous les
jours, n'eft point une preuve invincible de l'exiftence des Atômes ; elle
doit au moins faire penfer que nous
ne devons pas nous promettre fi légérement de changer, félon notre gré,
une matiére en une autre ; tous les
moyens que l'art pourroit nous fournir pour de femblables opérations, ne
feroient que de foibles imitations de
la nature, des digeftions, des fer-
mentations, des calcinations, &c.
& fi la nature elle-même depuis fon
origine s'eft confervée conftamment,
&fans aucun changement, malgré tous
les mouvemens qui fe font opérés &
qui s'opérent tous les jours dans fon
propre fein ; devons-nous nous flatter de faire des miracles dans nos La-
boratoires ? La Chymie plus fçavan-
te aujourd'hui qu'elle n'a jamais été,
abandonne par cette raifon même,

de plus en plus, ces fortes de préten-
tions chimériques, pour s'attacher à
des opérations d'une utilité plus réelle. Elle décompofe, le plus qu'elle
peut, les productions naturelles, pour
en connoître les propriétés ; elle en
fait des Extraits qu'elle tourne à nos
ufages ; & fi elle cherche à imiter la
nature, ce n'eft plus en effayant de
compofer des matiéres qu'elle ne fe
flatte pas même de bien connoître.

De ce que nous venons de dire
touchant la divifibilité des Corps, il
réfulte, 1°. qu'il n'y a point de bornes à cette divifion mentale, qui n'e-
xige dans la matiére qu'une diftinction réelle de parties ; 2°. que la divifibilité phyfiquement poffible ou non
poffible à l'infini, n'eft qu'une affaire
de fyftême, où l'on trouve des probabilités pour & contre ; 3°. qu'on
ne peut nier au moins une multiplici-
té de parties actuellement féparables,
& fi petites, que leur nombre & leur
ténuité furpaffent de beaucoup les
idées communes.

La derniére de ces trois propofitions eft la feule qui foit fufceptible
de ce genre de preuves auquel no...

nous bornons dans cet ouvrage. J'en appelle donc à l'expérience, & j'entreprens de faire connoître par des faits dignes de curiosité, ce que l'on doit penser de la prodigieuse divisibilité des Corps.

PREMIERE EXPÉRIENCE.

PRÉPARATION.

QUe l'on établisse sur trois petits cloux, ou d'une maniére équivalente, une piéce mince de monnoie, de cuivre, d'argent, ou d'or: & qu'on allume dessous & dessus de la Fleur de Soufre, ainsi qu'il est représenté par la *Figure* 1.

EFFETS.

Par cette opération dont certaines gens abusent pour altérer la monnoie, la piéce se sépare en deux selon son plan; & fort souvent l'une des deux parties plus mince & plus cassante, laisse encore l'autre assez bien marquée pour ne paroître pas sensiblement diminuée.

EXPLICATIONS.

Un Corps est divisé, quand la liaison de ses parties est interrompue par une matiére étrangére, & qui n'est pas propre à s'unir avec elles : c'est ainsi qu'une lame de couteau sépare un morceau de bois en deux. La partie la plus subtile du Soufre qui se dévelope en brûlant, & qui s'insinue de part & d'autre entre les parties du métal dilaté par le feu, forme dans l'intérieur de la piéce, & selon son plan, une couche de matiére étrangére au métal, qui cause la division, & qu'on apperçoit quand les parties sont séparées.

APPLICATIONS.

La même cause qui désunit les surfaces liées, les empêche aussi de se joindre, quand bien même elles auroient pour cela toutes les dispositions nécessaires ; c'est donc par cette raison, qu'on employe les huiles & les graisses pour tenir séparées des matiéres dont on veut empêcher l'union ou le mêlange ; quelque chose d'humide, pour prévenir l'adhérence de celles

celles qui font graffes, des poudres abforbantes, quand il régne fur les fu-perficies une fluidité qui les feroit s'attacher. Ainfi, pour nous fervir de quelques exemples familiers, nous fe-rons remarquer qu'on employe le beur-re à froid & par couches dans les pâ-tes qui doivent être feuilletées ; que l'on enduit de quelque matiére liqui-de l'intérieur des moules où l'on doit couler la Cire, le Soufre, &c. & que l'on pofe fur du fable fec les vaif-feaux nouvellement formés dans les manufactures de porcelaines ou de fayance. C'eft auffi pour cette raifon, que dans les Arts on a grand foin de bien nétoyer les furfaces qu'on veut affembler à demeure.

L'ufage des colles & des foudures n'eft point un argument qui démen-te cette propofition ; quoique ce foit interpofer une matiére étrangére en-tre les parties qu'on veut joindre.

Ce qui fait principalement qu'une couche d'eau interpofée, par exem-ple, entre deux morceaux de Cire en-tretient ordinairement leur défunion, c'eft que l'eau n'étant point propre à pénétrer les Corps gras, & ne s'y ap-

Tome I. B

pliquant même qu'imparfaitement, son interpofition ne peut point leur fervir de lien commun. Mais il n'en eft pas de même d'une colle qui peut pénétrer tant foit peu les piéces qu'elle doit attacher enfemble ; c'eft un Corps fluide quand on l'employe, & qui par cette raifon fe moule de part & d'autre dans les creux infenfibles des furfaces ; mais bientôt il devient folide , parce que fon humide l'abandonne , & qu'il pénétre plus avant ; alors ces petits liens multipliés prefqu'autant de fois qu'il y a de petits vuides entre les parties folides des furfaces , font une adhérence très-confidérable. C'eft par le même principe, quoiqu'un peu différemment , que les foudures fervent à lier les métaux ; un mélange de plomb & d'étain , par exemple , mis en fufion par l'attouchement d'un fer chaud , pénétre les premiéres furfaces du métal dilaté par la même chaleur ; un prompt refroidiffement donne lieu à fes parties de fe rapprocher ; la foudure qui perd en même tems fa fluidité , fe trouve adhérente de part & d'autre , fert de lien commun aux piéces , & les joint.

II. EXPERIENCE.

PREPARATION.

DAns un verre à boire on met des petites feuilles de cuivre ; dans un autre verre semblable on met un peu de limaille de fer ou d'acier ; on ver-se dans l'un & dans l'autre une demie once d'eau - forte. Voyez *les Figures* 2. & 3.

EFFETS.

Dans le premier vaisseau, il se fait un petit bouillonnement ; le métal paroît agité ; son volume diminue en apparence ; la liqueur s'échauffe ; elle prend une couleur verte ; les feuilles disparoissent enfin ; & l'on apperçoit une vapeur qui s'élève au-dessus du verre. Dans l'autre vase, on remar-que des effets à peu près semblables, mais plus prompts, plus violents, & la couleur approche du rouge.

EXPLICATIONS.

Les parties de l'eau - forte qu'on

peut confidérer comme autant de petits tranchans , ou de petites pointes
fort aiguës , font portées entre les
parties du cuivre & du fer par une
force dont la connoiffance partage
encore les Phyficiens , & fur laquelle l'expérience n'a point encore prononcé d'une maniére décifive ; chaque petite maffe pénétrée de toutes
parts , difparoît peu à peu par la divifion de fes parties qui nâgent indépendamment l'une de l'autre dans
la liqueur qui les a défunies , & qui
par leur mélange paroît fous une couleur qu'elle n'avoit pas avant l'opération. La chaleur qui naît pendant la
diffolution eft une fuite naturelle du
mouvement des parties & de l'action
d'une matiére fur l'autre : comme
auffi la vapeur qui s'éléve fenfiblement , eft un effet de la chaleur augmentée.

La même chofe s'opére dans l'autre verre avec plus de promptitude ,
& avec plus de violence ; la principale raifon de cette différence , c'eft
que l'eau-forte dont on fe fert dans
ces deux opérations pour divifer les
maffes , a plus lieu d'exercer fon ac-

tion sur le fer réduit en limailles, que
sur le cuivre qu'on a laissé en feuilles ;
elle agit d'autant plus qu'elle est appliquée en même-tems à plus de surface ; or les quantités de matiéres
étant égales, celle-là présente plus
de superficie, qui est plus divisée. Supposons, par exemple, une once de
fer rassemblée en une petite masse
sphérique ; si l'on coupe ce petit
globe par son diamétre, on augmen-
tera sa surface ; car il n'aura pas moins
qu'auparavant celle de ses deux hé-
misphéres ; mais il aura de plus celle
qu'on aura fait naître par sa coupe
diamétrale : & si l'on multiplie les
coupes, il est aisé de voir qu'on au-
gmentera de plus en plus sa superficie.

Une raison qu'on peut ajouter,
c'est que le cuivre à volume égal,
est plus pesant que le fer ; il y a donc
plus de vuide dans le dernier de ces
deux métaux, & par conséquent plus
d'accès à l'eau-forte : toutes choses
étant égales d'ailleurs.

Quant aux couleurs que prend la
liqueur par ces dissolutions, ce n'est
point ici le lieu d'en parler ; nous

expliquerons ces fortes d'effets en traitant de la lumiére.

APPLICATIONS.

L'eau commune fait à l'égard d'un grand nombre de corps, ce que l'eau forte opére fur les métaux ; elle divi-fe les terres, les fels, les fucs des plan-tes, &c. elle fe charge de leurs par-ties divifées, & elle les tient fépa-rées, tant qu'elle eft en quantité fuf-fifante pour empêcher qu'elles ne fe rejoignent. Les riviéres ne paroiffent troubles après les pluies ou après les fontes de neiges, que parce qu'elles reçoivent alors dans leurs lits des eaux qui font chargées de fable & de terre. Les fources minérales pren-nent leurs différentes qualités des matiéres qu'elles contiennent en par-ticules fi fubtiles, que leur tranfpa-rence n'en eft point altérée ; & la mer eft falée, felon l'opinion com-mune & la plus vraifemblable, parce qu'elle diffout des mines de fels qui fe rencontrent dans fon lit, comme il s'en trouve dans les autres parties de la terre.

Ces fortes de diffolutions ne dé-

compofent point les corps ; elles ne
font rien autre chofe que divifer leurs
maffes, & rendre indépendantes les
unes des autres leurs molécules ainfi
défunies. L'Art nous fournit même
des moyens très-faciles pour les remettre dans leur premier état ; il fuffit le plus fouvent d'évaporer la liqueur qui les tient en diffolution,
& c'eft la voie la plus fimple quand
leurs parties font moins évaporables
que celles du diffolvant. Cette pratique eft en ufage pour féparer le fel
de l'eau dans les Salines, pour tirer le
falpêtre des leffives qui le contiennent, pour rafiner les fucres, pour
augmenter la force des bouillons
qu'on nomme confommés, & généralement pour épaiffir toutes les matiéres où la partie liquide eft trop
abondante.

On peut encore raffembler ce qui
eft diffout en le précipitant ; ce qui
ne manque pas d'arriver toutes les
fois qu'on préfente au diffolvant une
matiére plus pénétrable pour lui, que
celle dont il eft chargé ; car alors en
entrant dans la nouvelle maffe, il dé-
pofe les autres parties que leur pro-

pre poids raffemble au fond du vafe;
c'eft ce qu'on voit arriver, par exemple, quand on verfe de l'efprit de vin
fur de l'eau qu'on avoit raffafiée de
fucre; parce que l'un de ces deux liquides pénétre l'autre, & abandonne
les parties de fucre dont il étoit
chargé.

Quand on précipite ainfi les métaux, on le peut faire d'une façon
curieufe, & qui n'eft que trop capable d'en impofer à ceux qui ne font
point inftruits de ces fortes de faits.
Si, par exemple, on trempe une lame
de fer dans une diffolution de cuivre
ou de vitriol bleu avec l'eau - forte;
le diffolvant agira par préférence fur
le fer, & dépofera des parties de
cuivre en la place de celles qu'il dé-
tachera de la maffe de fer, de forte
qu'à la fin de l'opération on pourra
tirer du vaiffeau une lame de véritable cuivre: mais c'eft abufer de
cette expérience, que de la propofer
comme un procédé pour convertir
le fer en cuivre; puifqu'on ne retire
jamais de ce dernier métal, que ce
qu'on en avoit fait entrer dans la premiére diffolution.

Les infusions à proprement parler, ne font encore que des diffolutions ordinairement plus lentes, avec cette différence qu'au lieu de faire difparoî- tre toute la maffe, elles en détachent feulement une certaine portion.

Les corps qu'on fait infufer font pour l'ordinaire compofés de parties de différentes natures : la liqueur qui les pénétre, fe charge de celles qui cédent à fon action ; & les autres qui s'y refufent, demeurent liées fous un volume qui différe peu de celui qu'el- les avoient. Le bois d'Inde, celui de Bréfil, &c. trempés dans l'eau commune, lui abandonnent un cer- tain fuc que la nature a placé entre les fibres de ces fortes de bois ; cet extrait qui fait une teinture, ne laiffe point appercevoir de diminution fen- fible quant au volume, dans les mor- ceaux qui en font dépouillés.

Les infufions deviennent bien plus, promptes & plus chargées avec l'eau chaude : la chaleur augmente la li- quidité de l'eau, & la rend plus péné- trante ; elle dilate les folides qu'on y plonge, & les rend plus pénétrables ; ces deux raifons concourent au mê-

Tome I. C

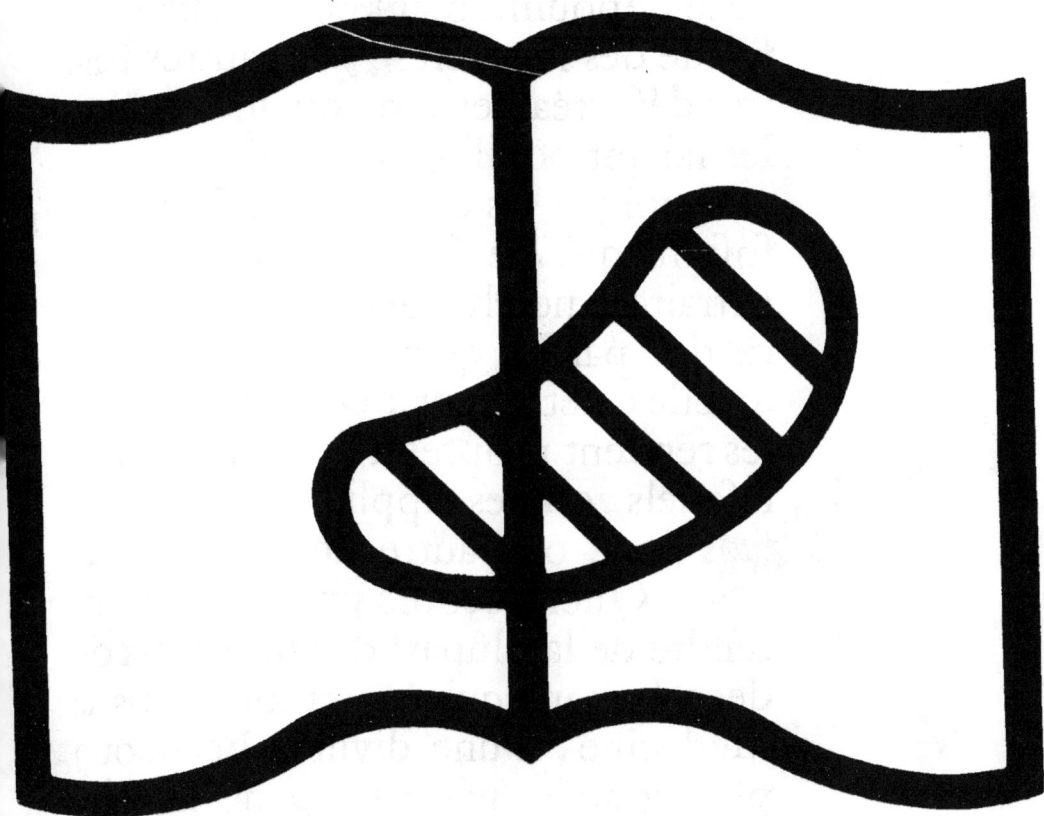

Original illisible

NF Z 43-120-10

me effet. Les racines & les fruits
qu'on fait cuire pour servir d'alimens,
ne se dépouilleroient point dans l'eau
froide des sucs acres & des autres parties désagréables, qu'on leur ôte en
les faisant bouillir.

Quoique les dissolutions & les infusions qui ne font que diviser ou
extraire, ne changent rien à la nature des parties qu'elles séparent, &
qu'elles détachent ; cependant elles
les rendent propres à des effets, pour
lesquels on les appliqueroit envain
sans l'une ou l'autre de ces préparations. Quels secours pourroit-on attendre de la plûpart des minéraux ou
des végétaux qu'on emploie dans la
Médecine, si une division beaucoup
plus grande qu'on ne peut la faire
avec aucun tranchant ordinaire, ne
procuroit à ces mêmes corps une
quantité de surface suffisante, des
grandeurs & des figures convena-
bles aux parties intérieures du corps
animé sur lequel ils doivent agir ?
Cette agréable variété de couleur
qu'on admire dans les étoffes & dans
toutes les matiéres susceptibles de
teinture, ne vient-elle pas des infu-

partie ? Des
ans les plan-
lés a prépa-
ient en pure per-
e ramolliffent & s'é-
ndent a l'ea qui les péné-
e, ils s'impriment avec elle fur une
rface préparée ; l'eau s'évapore, &
mpreffion refte.

III. EXPERIENCE.

PRÉPARATION.

La quatriéme figure repréfente une
etite caffolette de verre en partie
leine d'une liqueur odorante, com-
e de l'eau defleurs d'orange, ou de
efprit de vin chargé de lavande , &
ofée fur une petite lampe allumée.

EFFETS.

Quand la liqueur commence à
ouillir, il fort par le bec de la caf-
olette une vapeur fort abondante qui
e répand dans toute la chambre , &
ui s'y fait fentir d'une extrémité à
autre , fans cependant qu'il paroiffe
ne diminution fenfible dans le volu-
ne de la liqueur , lorfque l'expérien-
e ceffe après deux ou trois minutes.

C ij

La v
dans toute la
tre chofe que l
rable de la liqu
rée de la maffe

divifée ⬛⬛ corps, n ⬛ant
le peu ⬛⬛ on qu'ils caufent
au volu⬛⬛t quitté, fe trouvent en⬛⬛ nombre pour fe
répandre ⬛⬛ent, & fe faire fentir dans un très-grand efpace.

Si l'on veut connoître de plus près
ce nombre prodigieux de particules
odorantes, & fe repréfenter d'une
maniére plus précife la divifion furprenante qu'a dû fouffrir la petite
quantité de liqueur évaporée ; il fuffit de la comparer au volume d'air
contenu dans une chambre qui peut
avoir 12. pieds en quarré fur 10. de
hauteur. Quand ce peu de liqueur
dont il s'agit, égaleroit deux lignes
cubiques avant l'expérience, & qu'a-
près l'évaporation, il ne fe trouvât
que 4. particules dans chaque ligne
cubique d'air ; (fuppofition qu'on
peut faire en mettant les chofes au

rties n'ap-
e compa-
n'on peut
millions
ne feront-ils
, fi l'on fait at-
fait ici l'odeur

en .... t répand .... que la
moindre partie de .... t expo-
é ? Car dans u...... ...... ou ......
ne vapeur odora...... ...... t di......
...uer les parties pr...... ...... iquide ......
...elles dont il eſt pa...... ....

APPLICATIONS.

Les odeurs confidérées par rap......
...ort à nos ſens, ſont des impreſſion...
...aites ſur l'organe par les Corpuſcu-
...es qui s'exhalent des Corps odorans.
...e qui ſe paſſe en petit dans l'expé-
...ience qu'on vient de citer, nous l'é-
prouvons tous les jours en grand par
divers effets naturels. Il régne ſur no-
...re globe un certain degré de cha-
...eur, qui varie ſelon les tems & les
...ieux ; ce feu que la nature entretient,
& qui met tout en mouvement, joint
à d'autres cauſes dont nous parlerons ailleurs, détache continuelle-

ment les pa
tous les C
ce de la terr
à se faire sentir
dues & flotantes
dans la partie de l'Atm
est chargée, les font d'autant plus
sentir, qu'elles se trouvent en plus
grand nombre dans un volume d'air
déterminé. C'est par cette raison sans
doute, que l'on sent mieux les fleurs
d'un jardin le soir, lorsque l'air se ra-
fraîchit, que dans le fort de la chaleur du jour. Cette fraîcheur qui condense l'air aux approches de la nuit,
en rapprochant ses parties resserre
aussi davantage les exhalaisons dont il
est chargé, & quand on le respire en
cet état, il porte avec lui sur l'organe un plus grand nombre de ces parties odorantes dont nous parlons.

Si la chaleur entretient toujours
une quantité plus ou moins grande de
mouvement dans tous les Corps, &
qu'elle occasionne par-là, comme on
n'en peut douter, une perte continuelle de leur substance ; doit-on s'é-
tonner que tout périsse avec le tems,
& que certains Corps diminuent &

'évanouiſſent promptement ? C'eſt
ainſi que les étangs & les marais ſe deſ-
ſéchent, qua es pluies ou les fources ne répa point l'évaporation.

Mais pour nous renfermer dans des
exemples pris des Corps odorans,
ne le remarquons-nous pas d'une maniére bien ſenſible dans les plantes &
dans les fleurs ? pourquoi pendant la
grande chaleur s'affoibliſſent-elles jufqu'à plier ſous leur propre poids ? pourquoi le matin reparoiſſent-elles avec
leur premiére vigueur ? n'eſt-ce pas
que ce qui s'exhale pendant le jour
excéde la réparation qui vient du ſein
de la terre ? pendant la nuit il n'en
eſt pas de même, les vuides ſe rempliſſent.

Quoique les plantes par leurs ex-
halaiſons perdent une ſi grande quantité de leur ſubſtance, on ne peut
pas dire pour cela, que la partie deſti-
née aux odeurs ait beaucoup de part
à leur dépériſſement ſenſible. Il paroît
par tous les autres corps de ce genre,
que la nature les a ſoumis à une di-
viſibilité ſi prodigieuſe, qu'ils peuvent fournir à leur effet pendant des
eſpaces de tems qui ſurprennent.

C iiij

Tout le monde sçait qu'un grain de
musc se fait sentir d'une maniére in-
commode pendant vingt ans, dans
un appartement où l'on se renouvelle
tous les jours. Ne sçait-on pas de même
que des chiens courent un cerf pendant six heures quelquefois, sans avoir
le plus souvent d'autre guide que l'o-
deur qu'il laisse après lui ? combien
donc de corpuscules cet animal laisse-
t-il échaper, pour tracer si long-tems
sa route à quarante autres animaux,
à la vûe desquels il se dérobe souvent?

La plûpart des bêtes, & sur-tout
les chiens, ont l'odorat très-fin; la
disposition de cet organe dont la
partie principale est en dehors, & le
fréquent usage qu'ils en font, contri-
buent sans doute à cette délicatesse
que nous n'avons pas: la nature nous
en a dédommagés par le toucher, que
nous avons beaucoup plus exquis ;
c'est aussi de tous nos sens celui dont
nous nous servons le plus, après les
yeux, dans l'examen que nous faisons
des différens objets qui se présentent:
mais les animaux qui ne touchent que
très-rarement par forme d'épreuve,
examinent avec le nez ce que leur

vûe leur annonce d'intéreſſant ; comme ils ſont preſque uniquement occupés du ſoin de leur nourriture , & qu'il y a beaucoup d'affinité entre l'odorat & le goût , il convenoit qu'ils ſçuſſent mieux flairer que tâter.

IV. EXPÉRIENCE.

PRÉPARATION.

Au fond d'un grand vaſe de criſtal, on délaye le poids d'un grain de Carmin , & l'on remplit d'eau bien nette le vaſe , qui tient dix pintes de Paris , & qui eſt repréſenté par la Figure cinquiéme.

EFFETS.

La couleur s'étend de maniére que tout le volume d'eau en paroît ſenſiblement teint.

EXPLICATIONS.

Le Carmin eſt une fécule, ou une eſpéce de lie très fine , que l'on tire par infuſion de la cochenille , & de quelques matiéres végétales ; les parties qui ont déja été diviſées par la préparation qu'on en a faite , cédent fort

aisément à l'action de l'eau qui les pénétre & qui les étend ; de maniére
qu'elles se partagent proportionnellement à toute la masse du fluide.

Pour concevoir aisément combien
la matiére est divisée dans cette derniére expérience, il suffit de connoître le rapport du poids d'un grain à
celui de dix livres, qui est comme
l'unité à quatre-vingt douze mille
cent soixante. Mais une quantité
d'eau pesant un grain, se présente encore sous un volume bien sensible,
qui, pour être coloré uniformément,
doit contenir plusieurs particules de
Carmin ; quand on n'y en supposeroit
que dix, le produit que nous venons
de citer, se trouveroit augmenté encore de dix fois sa valeur ; ce qui fera neuf cent vingt-un mille six cens
parties sensibles dans un volume qui
étoit bien peu considérable avant que
d'être étendu dans l'eau.

APPLICATIONS.

C'est par des particules de matiéres ainsi divisées & étendues dans
quelques liquides, que les Peintres
& les Teinturiers donnent aux surfa-

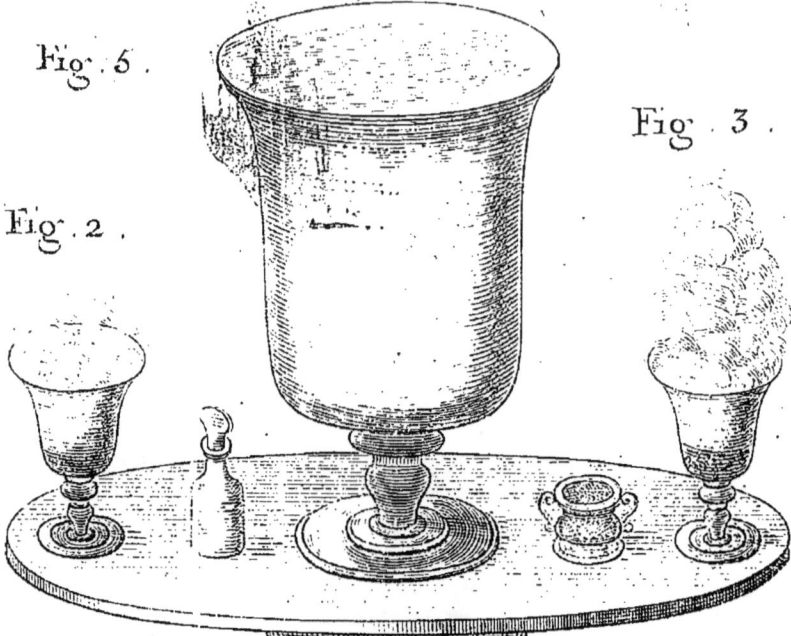

Fig. 5.

Fig. 3.

Fig. 2.

Fig. 1.

Fig. 4.

Bheulland del. et Sculp.

ces des corps certaines couleurs qu'elles n'ont pas naturellement. Celles qui font peintes toujours cachées fous l'enduit dont on les couvre, ne font plus vifibles par elles-mêmes, mais par les couches dont le péinceau les a revêtues. Il n'en eft pas de même de celles que l'on fait teindre ; on les prépare pour l'ordinaire dans un bain qui, par la chaleur, & par l'action de certains fels, dilate les pores, & creufe une infinité de petites cellules propres à recevoir enfuite les parties colorantes ; c'eft principalement cette préparation qui rend les teintures durables, & qui empêche que les matiéres teintes ne fe décolorent quand on les lave. Ce n'eft pourtant pas toujours des particules colorantes qui teignent les furfaces ; nous ferons voir en traitant de la lumiére, que le changement de couleur dépend fouvent d'un nouvel arrangement que prennent entre elles les parties mêmes des furfaces, comme quand l'eau-forte, par exemple, change le papier bleu en rouge, ou que la chaleur rougit une écreviffe.

OUTRE les expériences que nous ve-

nons de citer pour prouver la divisibilité des corps ; les Arts nous offrent
des pratiques ingénieuses qui la font
connoître d'une manière aussi évidente. On ne peut voir sans être surpris, la prodigieuse ductilité de l'or &
de l'argent. Les Ouvriers qui battent
& qui filent ces métaux, leur procu-
rent un dégré d'étendue qui s'est at-
tiré depuis long-tems l'attention des
Philosophes. Boyle * est un des premiers qui ait fait cette remarque,
que le poids d'un grain d'or mis en
feuilles peut couvrir une surface de
50. pouces quarrés. Cette observa-
tion donne lieu d'appercevoir par un
calcul fort simple un nombre éton-
nant de parties visibles dans cette petite quantité de métal. La longueur
d'un pouce contient au moins deux
cens parties visibles ; puisque sur des
instrumens de Mathématiques on le
trouve quelquefois partagé par cent
divisions, & qu'un Observateur un
peu attentif peut fort aisément tenir
compte des moitiés. En faisant donc
cette supposition qui est très-receva-
ble, une feuille d'or d'un pouce
quarré, pourra se couper en deux

*De mirâ
subtilitate
effluvio-
rum. cap. 2.

cens petites bandes plates, & chaque petite bande en deux cens petits quarrés ; de forte que toute la feuille ainfi divifée, donnera quarante mille parties, qui eft le produit de 200. multiplié par 200.

Mais dans un grain d'or battu, on trouve 50. petites feuilles femblables à celles que nous venons de divifer ; on doit donc multiplier encore 40000. par 50. ce qui donnera deux millions pour la fomme des parties que l'on peut compter avec les yeux dans une portioncule de matiére qui n'eft que la 72e. partie d'un gros. Ce nombre quelque prodigieux qu'il foit, fe trouve encore augmenté de moitié, quand on fait attention que chacune de ces particules d'or peut être vûe & touchée au moins par deux furfaces, ou par les deux plans oppofés dont les dimenfions font égales.

Ce que les feuilles d'or & d'argent nous apprennent de la ductilité de ces deux métaux, & de la divifibilité furprenante de leurs parties, eft encore bien au-deffous de ce que l'on remarque chez les ouvriers qui

préparent le fil d'argent doré dont
on fe fert pour fabriquer les étoffes,
le galon, la broderie, &c. Cet Art
où le commun des hommes ne trouve qu'un objet de commerce, ou des
reffources pour le luxe, préfente aux
yeux d'un Philofophe, des merveilles
qui n'ont point échappé aux obfervations de Boyle, du Pere Merfene,
de Rohault, & de plufieurs autres
Phyficiens, dans ces tems où il n'é-
toit point encore arrivé au dégré de
perfection qu'il a acquis depuis. M. de
Reaumur * qui l'a examiné avec cette exactitude qu'on lui connoît, en
a mieux que perfonne découvert les
beautés, & fait connoître le véritable
merveilleux. C'eft d'après lui que je
vais donner ici une idée de la prodigieufe extenfion dont l'or eft capable
quand on le file.

* Mém. de l'Acad. des Sc. 1713. p. 205. &c.

Avec une quantité de feuilles d'or
qui n'excéde jamais le poids de fix
onces, & qu'on diminue quelquefois
prefque jufqu'à une, on couvre un
cylindre d'argent, d'environ 22. pouces de longueur, 15. lignes de diamétre, & du poids de 45. marcs. On
fait paffer ce rouleau doré fucceffive-

ment par les trous d'une lame d'acier, qui vont en décroissant, de façon que s'allongeant aux dépens de son diamétre, il devient enfin aussi délié qu'un cheveu, & d'une longueur qui égale presque 97. lieues de 2000. toises chacune.

Pendant cette opération l'or s'étend sur le fil d'argent à proportion de son allongement ; ensorte qu'on doit le considérer comme une envelope ou un fourreau dont les parties ne souffrent point d'interruption sensible. Ce fil doré que l'on nomme trait, passe ensuite entre deux rouleaux d'acier poli, qui l'écrasent en forme de lame fort mince, dont on envelope un fil de soye pour les usages des différens Arts qui l'employent ; & dans l'opération des rouleaux, le trait s'allonge encore d'un 7e. Ainsi au lieu de 97. lieues que nous avons compté pour sa longueur, on en peut compter 111.

En supposant donc du fil le plus légérement doré, voilà une once d'or que l'on doit considérer sous la forme de deux petites lames, dont chacune égale la longueur de 111.

lieues, ou qui égalent enfemble 222.
lieues. Mais fi l'on fait attention que
le trait en s'écrafant fous les rouleaux,
prend la largeur d'environ un 8ᵉ. de
ligne , & par conféquent les deux
petites lames d'or qui revêtent l'argent de part & d'autre ; on pourra
partager encore leur largeur en deux
parties ; (car une ligne fe divife fort
bien en 16. portions fenfibles ;) ainfi
au lieu de deux lames il en faudra
compter quatre , qui égaleront en
longueur 444. lieues. Dans une telle
étendue , combien de toifes, de pieds,
de pouces , de lignes ? & fi l'on divife feulement chaque ligne en 10.
quelle fuite de chiffres ne faudroit-il
pas pour exprimer la fomme des parties vifibles dans une once d'or étendu par la filiére ? L'imagination fe refufe prefque à de pareils nombres;
mais pour s'en faire une idée , il fuffira de comparer la furface de notre
once d'or filé à celle d'une égale
quantité du même métal en feuilles.
La premiére eft à la feconde dans le
rapport de 2380. à 146. mais auffi
l'épaiffeur des feuilles quelque petite qu'elle foit, eft toujours beaucoup
plus

neuvent comme à ceux qui font en
repos ; elle convient non feulement
aux folides , mais les fluides & les liqueurs ont auffi leur figure qui dépend des obftacles qu'on oppofe à
leur épanchement ; la mer , les étangs ,
les riviéres font figurés par leurs cô-
tes & par leurs rivages ; le vin , par
fon tonneau ; la flamme & la fumée ,
par l'air qui les environne , &c.

Quand au premier coup d'œil deux
Corps paroiffent terminés de même ,
on dit alors qu'ils fe reffemblent en figure : ainfi nous appellons cubes les
 ⸏ d'un trictract , parce qu'au pre-
n er afpect chacun d'eux fe préfente
fous fix faces égales ; & nous appellons femblables deux foldats vêtus du
même uniforme. Mais cette premiére reffemblance a des bornes fort étroi-
tes ; elle ne s'étend qu'à certains ca-
ractéres généraux qui foutiennent à
peine la premiére vûe ; un examen
plus détaillé découvre bientôt une infinité de différences , jufques dans les
individus de la derniére efpéce ; de
forte qu'on pourroit dire avec jufte
raifon , que dans toute la nature il eft
probable qu'il n'y a pas deux Etres

parfaitement semblables, sur-tout si
l'on joint à la variété de figure celle
de la couleur & du volume. Lorsque
nous jettons les yeux sur un troupeau
de moutons, ils nous paroissent tous
se ressembler, parce que nous nous
arrêtons aux premiéres apparences;
mais le berger à qui l'habitude a fait
appercevoir des variétés, les distingue bien les uns des autres. Dans une
foule de peuple nous ne trouvons
pas deux visages semblables, & nous
y distinguons entre dix mille les traits
d'une personne que nous cherchons,
par l'usage où nous sommes de voir
des hommes, & d'apprendre à ne les
point confondre.

Cette prodigieuse variété de figures multipliées sans fin pour ceux qui
observent plus attentivement, ne convient-elle qu'aux grands Corps, c'est-
à-dire, à ceux que nous pouvons
voir & toucher sans aucun secours de
l'art ? ou bien convient-elle également
ment aux molécules de ces mêmes
Corps ? s'étend-elle jusques à ceux
qui échappent à nos yeux, que nous
connoissons par d'autres sens, qui ne
se font sentir que plusieurs ensemble,

&

& que le préjugé semble annoncer sans aucune figure , parce qu'ordinairement on n'eſt point inſtruit de celle qu'ils ont ?

Cette queſtion ſe trouve déja décidée par la définition même que nous avons donnée de la figure en général. Car ſi ce n'eſt autre choſe qu'un aſſemblage de ſurfaces qui terminent une certaine portion de matiére , il eſt évident qu'un Corps ſi petit qu'il puiſſe être , ſera toujours terminé par des ſurfaces , & par conſéquent figuré.

Quoique l'expérience ne puiſſe pas ſe prêter à toute l'étendue de ce raiſonnement , & nous faire voir des figures par-tout où nous avons raiſon de croire qu'il y en a ; cependant elle nous en montrera qui ont été long-tems ignorées , que l'art a ſçu découvrir depuis , & nous apprendrons par des exemples curieux , que nous ne devons pas chercher à concevoir ſans figure les Corps en qui nos ſens n'en découvrent point.

PREMIERE EXPERIENCE.

PREPARATION.

Ayant placé le microscope représenté par la *Figure* 6. au jour d'une fenêtre, ou si c'est la nuit, devant la
lumiére d'une bougie basse, de maniére que le miroir qui est dessous la
platine, éclaire par réfléxion le trou
sur lequel tombe la lentille objective:
on fait passer le premier verre du porte-objets sur lequel on a mis des grains
de sable, & l'on fait descendre le
corps du microscope jusqu'à ce qu'on
rencontre le point de vûe nécessaire.

EFFETS.

Ayant placé l'œil au-dessus & fort
près de la premiére lentille oculaire,
on apperçoit les grains de sable trans-
parens, comme des cristaux de la
grosseur d'une muscade, anguleux &
diversement taillés. *Figure* 7.

EXPLICATIONS.

Nous n'expliquerons rien ici des
effets qui regardent directement l'optique; parce que nous en traiterons

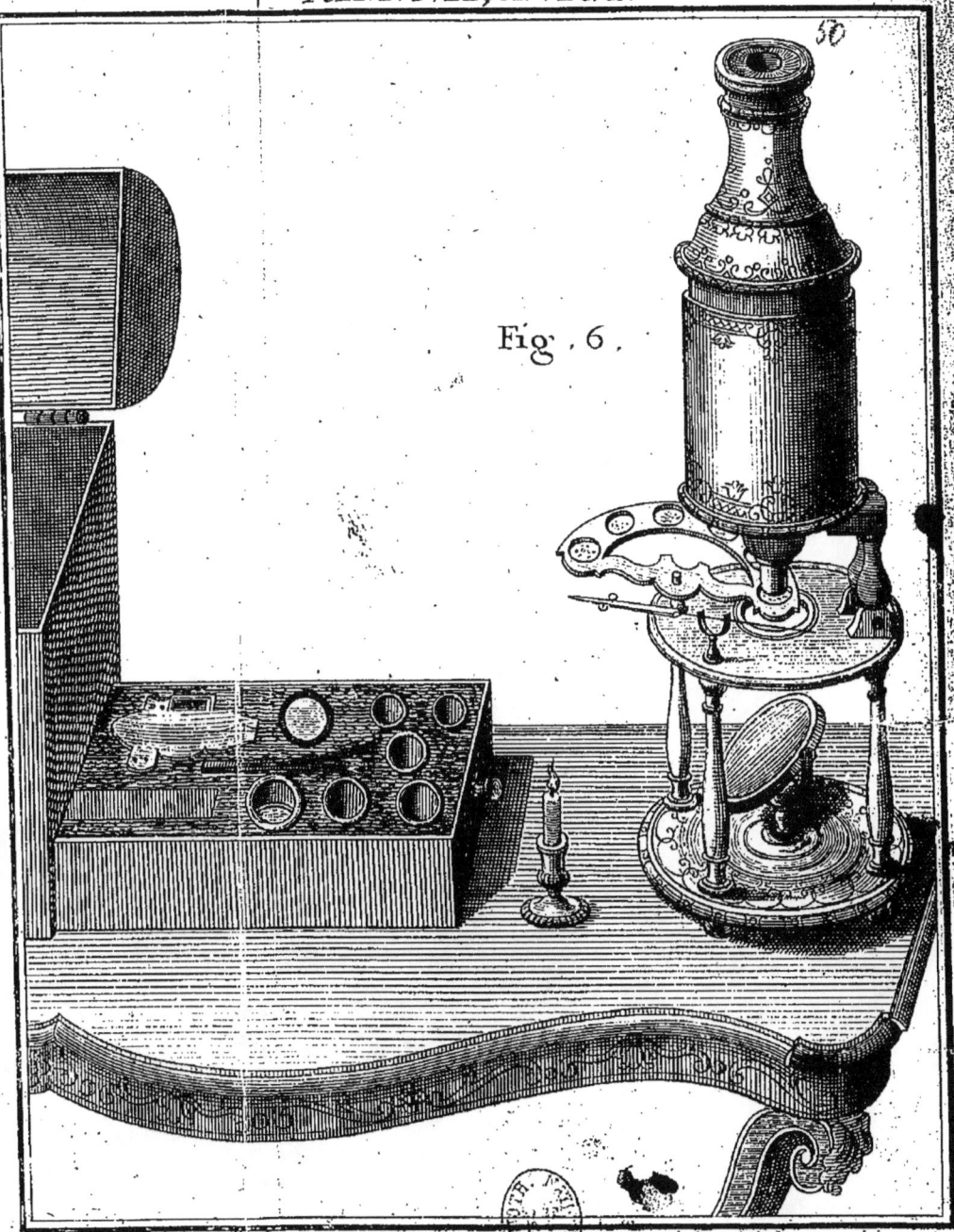

50

Fig. 6.

illeurs. Nous nous bornerons feulement à ceux qui ont rapport à la figure des Corps, dont il eſt préſente-
ment queſtion.

Lorſque nous arrêtons la vûe fur
un grain de fable ordinaire, il paroît
comme un point, l'œil confond ſes
dimenſions ; mais avec le ſecours du
microſcope, l'objet paroît plus grand:
on diſtingue aiſément des lignes, des
angles, des ſinuoſités, des contours,
des ſurfaces, en un mot une figure
bien terminée, dont on apperçoit
facilement les différences, quand on
la compare à quelque autre.

APPLICATIONS.

Les grains de fable doivent être
conſidérés comme autant de petits
criſtaux fort durs, préparés par la nature, & que l'art applique utilement
à différens uſages. Parce qu'ils ſont
petits & anguleux, on s'en ſert commodément pour uſer ou nettoyer les
métaux, ou tous autres Corps encore plus durs ſur leſquels la lime, ou
le tranchant de l'acier ne trouve plus
de priſe : on les mouille en pareil cas
pour aider leur mobilité & pour em-

pêcher, qu'en s'ufant mutuellement, ils ne perdent, avec leurs petits angles tranchants, la propriété qu'ils ont d'entamer les matiéres les plus folides.

La tranfparence du fable blanc le rend propre à d'autres ufages ; il eft la bafe de tous les ouvrages de verre; le mêlange de quelques fels, & l'action d'un feu très-violent qui le divife, & qui en fépare les faletés, met fes parties en état de fe lier, & de former une pâte fufceptible de toutes fortes de formes, & qui en fe refroidiffant prend de la confiftance fans ceffer d'être diaphane.

II. EXPERIENCE.

PRÉPARATION.

Que l'on faffe paffer fous la lentille le fecond verre du porte-objets fur lequel on a mis quelques goutes d'eau falée que l'on a laiffé fécher.

EFFETS.

En approchant l'œil du microfcope, on apperçoit des molécules qui paroiffent fous des figures fem-

ables, quand la préparation a été
ite avec un même sel : si l'on a em-
loyé, par exemple, celui qui vient de
mer, & qu'on fait servir commu-
ément à l'usage des tables ; ce qu'on
pperçoit avec le microscope ressem-
le à des petits Cubes. *Figure* 8.

EXPLICATIONS.

Les parties de ce sel que l'eau avoit
ivisées, & qu'elle tenoit en dissolu-
ion, se sont fixées sur le verre du
orte-objets, pendant que la partie
iquide s'est évaporée. Avant cette
vaporation de l'eau, le secours du
microscope ne suffit pas pour les ren-
ire visibles, parce qu'alors elles sont
ncore trop divisées & trop minces
our être apperçues ; mais à mesure
que la liqueur les abandonne, elles
e rapprochent, & elles forment des
molécules d'un plus grand volume :
& quand bien même elles resteroient
aussi petites qu'elles étoient dans l'eau,
nous ferons voir ailleurs qu'à grandeurs égales, des Corps transparents
se voyent mieux lorsqu'ils sont plon-
gés dans l'air, que dans tout autre liquide plus matériel.

Chaque fel qui fe criftallife affecte ordinairement une figure qui lui eft propre, & qui dépend vraifemblablement de la figure même de fes moindres parties. Le fel marin, par exemple, forme des cubes, le falpêtre des aiguilles, le fucre des globules, &c. *Figures* 9. & 10.

Applications.

L'uniformité de figures dans les molécules, n'eft point une qualité particuliére aux fels; on en rencontre beaucoup d'autres exemples, furtout dans le genre minéral : le criftal de roche, & la plûpart des pierres tranfparentes paroiffent affez fouvent en petit comme en grand, fous la forme de prifme ou de pyramide exagone ; mais on n'en doit pas conclure du particulier au général, que les parties infenfibles de tous les Corps font autant de petits modéles de ce qu'ils font en plus grand volume.

Le fel, à caufe de fon extrême divifibilité, & de la figure anguleufe & pointue de fes parties, s'infinue fort aifément dans les pores de toutes les

matiéres animales, végétales, folides
ou liquides : & par cette raifon on
s'employe avec fuccès pour les conferver. Car la corruption n'étant rien
autre chofe qu'un déplacement de
parties, qui change l'état des molécules dans les Corps mixtes ; tout ce
qui pourra contenir ces parties dans
l'ordre qu'elles ont reçu de la nature,
empêchera néceffairement, que les
petits compofés qui réfultent de leur
affemblage, ne foient altérés ; & au
contraire tout ce qui donnera lieu au
mouvement des moindres parties, oc-
cafionnera corruption. Or les particules falines, comme autant de petits
coins, rempliffent les petits vuides,
foutiennent & appuyent les particules folides, arrêtent le progrès de l'é-
vaporation, & confervent au moins
pour quelque tems l'état naturel. C'eft
ainfi que la chair des animaux, lorfqu'elle eft falée, demeure plus long-
tems propre à nos ufages ; & que les
fruits confits dans le fucre fe gardent
pendant plufieurs années.

Cette prodigieufe variété de figures que l'on obferve dans tous les
Corps inanimés, & dans les petites

E iiij

masses qui les composent , n'est ni moins grande , ni moins admirable dans le genre animal : le même instrument qui vient de nous faire voir les angles & les pointes des parties salines , nous découvre aussi un monde de petits Etres vivans , de petits insectes , que nous n'eussions peut-être jamais soupçonné d'exister , dont nous n'eussions certainement pas deviné les formes , & qu'on doit être curieux de connoître ; c'est pourquoi j'ajouterai encore l'expérience suivante, pour achever de faire voir combien la nature a varié la figure des Corps en tout genre.

III. EXPERIENCE.

PREPARATION.

On fait passer sous la lentille objective du microscope le troisiéme verre du porte-objets , sur lequel on a mis avec la pointe d'un curedent, une petite goute d'une des liqueurs dont on va donner la préparation.

1°. Dans un vaisseau dont l'ouverture soit un peu large , il faut mettre macérer dans l'eau un peu de foin ha-

hé, de la paille , des fleurs de diffé-
entes efpéces & des parties de plan-
es quelconques , & l'expofer envi-
on une femaine à l'air libre , mais à
ombre pendant un tems chaud ; ou
ien fi l'on en a la commodité , on
ourra fans attendre , puifer un peu
l'eau dans quelque marre aux endroits
ù il y a de la mouffe verte , ou quel-
ues autres plantes aquatiques.

2°. Dans une fiole de verre qu'il
aut tenir ouverte , il faut expofer de
nême du vinaigre commun.

3°. Dans un verre à boire , ou dans
quelque vafe équivalent , il faut garder pendant quatre ou cinq jours de
l'eau qui fe trouve dans l'écaille des
huitres , lorfqu'on les ouvre.

E F F E T S.

On apperçoit dans la premiére li- *Fig.* 11.
queur , une infinité de petits animaux
qui paroiffent de différentes efpéces ,
foit par leurs figures , foit par leur façon de fe mouvoir qui font extrêmement variées. Les uns femblables à des
petites boules *a* , s'élancent en ligne
droite , & forment toujours des angles
bien marqués , quand ils changent de

directions ; les autres *b*, plus allongés, & d'une forme ovale, ne font que tournoyer ; plusieurs laissent appercevoir distinctement des pates, une queue souvent fourchue, & des antennes; d'autres *c*, composés d'anneaux, se meuvent à la maniére des vers de terre, ou comme les Sangsuës. On apperçoit à quelques-uns les principaux organes, & la circulation des humeurs ; & pour peu qu'on observe avec attention, on découvre bien-tôt jusques à la cause finale de leurs mouvemens ; car on en voit qui dévorent les autres, & l'on conçoit sans peine que les uns se meuvent pour joindre leur proie, & les autres pour éviter d'être pris.

Fig. 12. Dans le vinaigre qui a été exposé plusieurs jours à l'air par un tems doux, on voit des insectes qui par leur figure ressemblent beaucoup à des petites anguilles très-vives : il arrive très-rarement qu'on les trouve mêlés avec des animaux qu'on puisse juger d'une autre espéce.

Fig. 13. L'eau des huitres, contient un nombre infini de petits animaux qui se ressemblent par là figure, & par

Fig. 1.

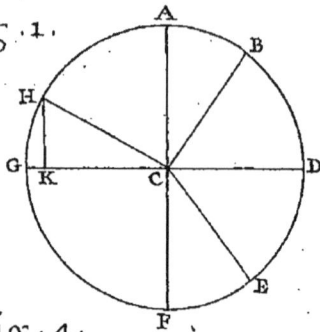

Fig. 2.

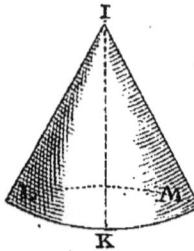

Fig. 3.

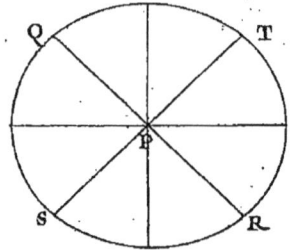

Fig. 4.

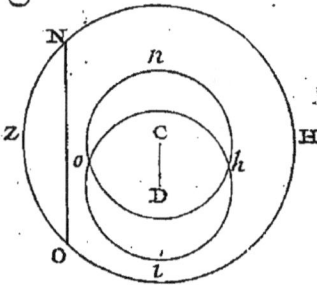

Fig. 5.

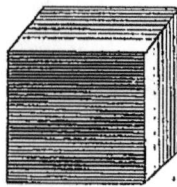

Fig. 6.

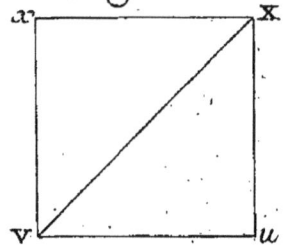

Fig. 7.

Fig. 8.

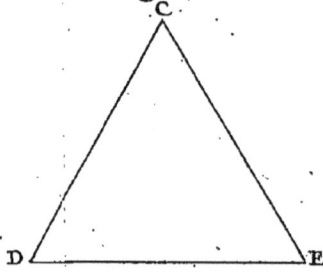

Fig. 9.

Fig. 10.

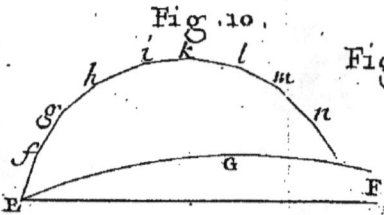

Fig. 13.

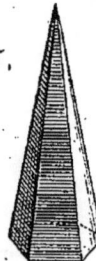

Fig. 12.

Fig. 11.

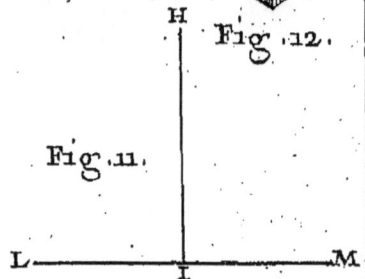

Brunet fecit.

a maniére de se mouvoir : la petite goute dans laquelle ils nagent
paroît semblable à un bassin , dans
lequel on verroit fourmiller une quantité prodigieuse de carpes sans na-
geoires & sans queue ; la transparen-
ce de leur corps est telle , qu'on apperçoit aisément les parties intérieures.

Explications.

La nature a varié la figure des plus
petits animaux , autant & peut-être
plus encore que celle des grands :
mais dans ceux-là comme dans ceux-
ci , elle est uniforme & constante
pour chaque espéce. Ainsi le vinaigre
préparé comme nous l'avons dit ,
fait voir des anguilles qui ne différent que par la grandeur ; & l'eau
d'huitres ne contient pour l'ordinaire que ces animaux dont nous avons
parlé.

La premiére liqueur cependant en
contient plusieurs qui ne se ressemblent ni par la figure , ni par la maniére de se mouvoir ; ce n'est point
une raison pour conclure , que la
figure de ces petits êtres animés , est

un effet du hazard ; & qu'une seule
& même espéce affecte indifféremment celle-ci ou celle-là. Cette liqueur dont il s'agit, est une infusion
de plusieurs sortes de plantes , où
differens animaux rencontrent leur
nourriture ; & l'eau commune qui en
est la base , est un milieu qui peut
convenir en même-tems à ceux qui
se nourrissent d'herbes , & à ceux qui
sont voraces. Le brochet vit dans la
même eau que la carpe, quoiqu'ils se
nourrissent l'un & l'autre bien différemment ; & l'histoire des insectes
nous fournit nombre d'exemples qui
ont un rapport bien plus direct &
plus prochain avec cette supposition. Il n'en est pas tout-à-fait de
même du vinaigre ou de l'eau d'huîtres : il est probable que ces deux
liqueurs ne conviennent qu'à très-
peu d'espéces de ces petits animaux;&
le milieu qu'ils habitent, les met vraisemblablement à l'abri de la poursuite
des autres. J'ai essayé plusieurs fois
de mettre ensemble des insectes d'eau
douce avec ceux du vinaigre , ou
avec ceux de l'eau des huîtres ; les
premiers ont toujours péri dans le
premier instant.

Fig. 7.

Fig. 8.

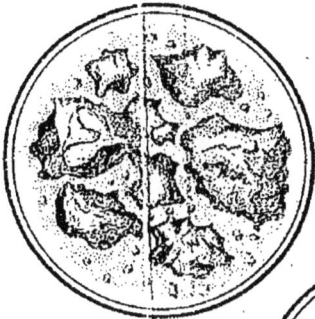

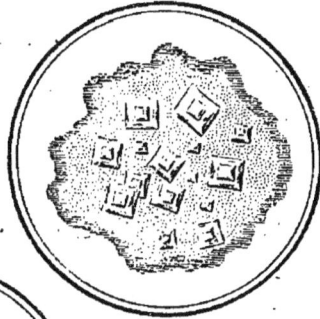

Fig. 12.

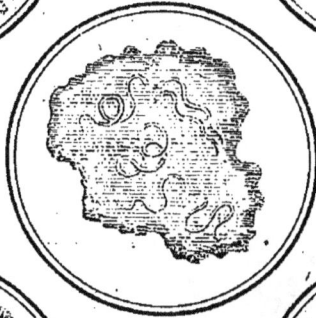

Fig. 9.

Fig. 10.

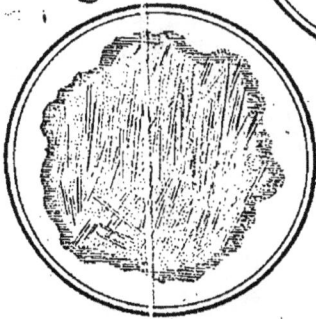

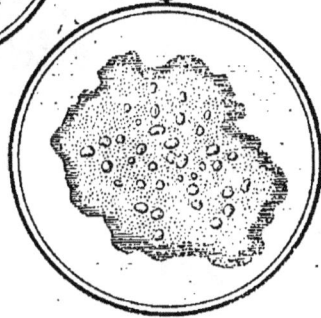

Fig. 13.

Fig. 11.

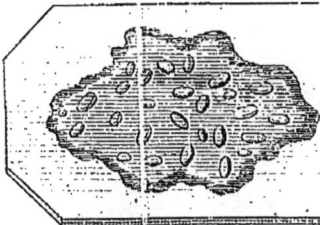

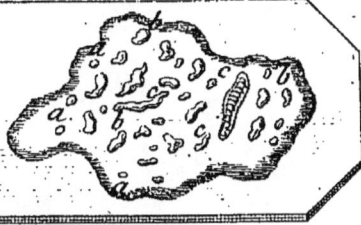

APPLICATIONS.

Les infectes ont été regardés fort ong-tems comme les enfans de la orruption, & de la pourriture des utres corps. L'erreur des anciens ouchant leur origine a été telle, qu'ils ont cru pouvoir les faire naître artificiellement, en obfervant cer-ains procédés dont ils ont même ofé donner des recettes. Ce que le préjugé populaire avoit établi, des Philofophes ont tâché de le confir-mer, & d'en rendre raifon ; & les fyftêmes que cette opinion a fait naître, ont trouvé des défenfeurs juf-ques dans ces derniers tems. Mais l'hypothéfe la plus ingénieufe peut-elle tenir contre des faits qu'il n'eft plus permis d'ignorer ? Les Natu-ralistes modernes mieux inftruits qu'on ne l'étoit autrefois de l'hiftoi-re des infectes, leur ont donné une origine plus noble & plus vraie ; ils ont reconnu & conftaté par des ob-fervations qui ne laiffent plus rien d'obfcur, que la génération de ces petits animaux eft auffi-bien réglée, & d'une uniformité auffi conftante pour chaque efpéce, que celle des lions & des chevaux, &c. Ils ont répondu par des expériences décifives, à des apparences trompeufes & trop peu approfondies, fur lefquelles on appuyoit l'ancienne opinion. Telle matiére corrompue, difoit-on, fait voir des vers & des mouches; peut-on douter que ces animaux ne doivent leur exiftence à cette corruption ? Comme fi l'on pouvoit conclure qu'un cadavre de cheval engendre des corbeaux, parce qu'il arrive fouvent qu'on y trouve de ces oifeaux voraces affemblés; ou qu'un pré fait naître des moutons, parce qu'on y en rencontre des troupeaux qui paiffent; on pardonneroit de le foupçonner à quiconque ne fçauroit pas que les oifeaux font des nids pour perpétuer leur efpéce, & qu'un agneau vient d'une brebis. Si l'on peut en quelque façon excufer ceux qui les premiers ont été trompés par les apparences, parce qu'alors on n'étoit nullement inftruit de la vraie maniére dont naiffent ces petits animaux fi differens des autres par leurs tailles & par leurs figures; pré-

entement que l'on fçait comment
s'engendrent ceux qui font affez vifibles pour être obfervés, il n'eft plus
permis de penfer que la nature fi con-
forme à elle-même, prenne d'autres
voies pour multiplier ceux qu'une
extrême petiteffe permet à peine
d'appercevoir avec le microfcope,
ni qu'elle abandonne au hazard le
foin de les faire naître.

Il faut donc bien fe garder de croire que les petites anguilles qu'on apperçoit dans le vinaigre, ainfi que les
petits animaux qu'on obferve dans
les infufions des plantes, foient des
parties putréfiées de ces végétaux,
qui fe convertiffent en corps animés.
L'expérience apprend, que fi l'on
tient les vaiffeaux fermés, il ne s'y
engendre rien ; mais on doit penfer
que quand ils font ouverts, les me-
res que l'air tranfporte de côtés &
d'autres, y vont dépofer leurs œufs
ou leurs vermiffeaux, comme dans un
lieu qui doit faciliter leur développe-
ment, fournir à leur nourriture, &
les faire croître. Cette conjecture
(fi c'en eft une) eft folidement appuyée fur des exemples : combien

d'efpéces de mouches voyons-nous
aller placer leurs œufs dans des eaux
croupies, où le vermiffeau venant à
éclore, fe nourrit & prend fon accroiffement jufqu'à ce que le tems de
fa métamorphofe étant arrivé, il s'é-
leve dans l'air avec une nouvelle forme & des ailes, qui le rendent femblable à fa mere ?

Quelque intéreffante que foit cette
matiére, je ne dois pas m'y arrêter
davantage : le Lecteur curieux d'en
être plus amplement inftruit, doit
confulter l'Hiftoire des Infectes, par
M. de Reaumur; c'eft là qu'il fera connoiffance avec ce peuple nouveau;
c'eft le bien voir, que de le voir par
les yeux d'un tel Obfervateur. Il me
fuffira de remarquer ici, que fi l'on
eft fenfible à cette prodigieufe variété de figures, par lefquelles la nature
a differencié les plus petits corps ; il
n'eft point de genre qui fourniffe plus
à notre curiofité, que celui des infectes, où l'on doit admirer également & les différences qui caractérifent les efpéces, & l'uniformité
qui regne dans chacune.

III.

III. SECTION.

De la solidité des corps.

LA *solidité* d'un corps n'est autre chose que la quantité de matiére qui est liée ensemble sous son volume : je dis, qui est liée ensemble ; car s'il arrivoit qu'une matiére étrangére passât librement à travers d'un corps , & qu'elle y exerçât ses mouvemens avec indépendance , comme l'eau de la riviére qui baigne intérieurement un monceau de pierres qu'elle rencontre dans son lit ; cette matiére ne contribueroit en rien à la solidité dont il est ici question. Elle l'augmenteroit au contraire , si elle se trouvoit fixée sous le même volume, comme si l'eau courante que nous venons de citer pour exemple , devenoit de la glace au moment qu'elle se trouve entre les pierres amoncellées. Un panier percé de toutes parts , & plongé dans un fluide , n'a que sa propre solidité; si c'est un morceau de bois , il est plus solide de toute la quantité d'eau dont il eſt pénétré, & qu'il s'unit à ſa maſſe.

Etre ſolide eſt une propriété, non ſeulement commune, mais même eſſentielle à tous les corps ; ſoit qu'on les conſidére en tout, ſoit qu'on n'ait égard qu'à leurs parties les plus ſimples. C'eſt auſſi le ſigne le moins équivoque de leur exiſtence. Des illuſions d'optique en impoſent quelquefois à nos yeux ; nous ſommes tentés de prendre des phantômes pour des réalités : mais en touchant, nous nous aſſurons du vrai, par la perſuaſion intime où nous ſommes, que tout ce qui eſt corps eſt ſolide, capable par conſéquent de réſiſtance, & qu'on ne peut placer le doigt ou autre choſe dans un lieu qui eſt occupé par une matiére quelconque, ſans employer une force capable de la pouſſer ailleurs.

Toute réſiſtance annonce donc une ſolidité réelle plus ou moins grande ; c'eſt une vérité tellement avouée, que je ne crois pas qu'elle ait beſoin d'autre preuve que l'habitude où l'on eſt de confondre les deux idées, quoiqu'à parler exactement, l'une représente la cause , & l'autre l'effet. Mais il y a tel cas où l'une & l'autre (la solidité & la résistance) échappent à nos sens, ou à notre attention. Certains corps nous touchent sans cesse , nous touchent par-tout également; l'habitude nous a rendu leur contact si familier que nous avons besoin d'y réfléchir , pour reconnoître l'impression actuelle qu'ils font sur nous. Quand on agit dans un air calme , il est peu de personnes qui pensent qu'elles ont continuellement à vaincre la résistance d'un corps dont la solidité s'oppose à leurs mouvemens. Si l'on sortoit de l'athmosphére pour y rentrer, on sentiroit sans réflexion l'attouchement de l'air , comme on sent celui de l'eau quand on s'y plonge.

Ce qui fait encore que la solidité des fluides échappe à notre attention ; c'est que leurs parties indépendantes les unes des autres , & d'une petitesse qui surpasse beaucoup la délicatesse de nos sens , cédent au moindre de nos efforts , sur - tout quand elles sont en petite quantité : & nous ne pensons pas que nous agiffons, quand nous agiffons très-peu.

Puifque les fluides font les feuls corps dont la folidité ait en quelque façon befoin d'être prouvée, & que la grande facilité qu'ils ont à céder, pourroit faire croire à ceux qui n'y feroient point affez d'attention, que ces fortes de corps font incapables de réfiftance ; nous les employerons par préférence dans les expériences que nous appellerons en preuves, & nous choifirons l'air comme le moins folide de tous ceux qu'on peut retenir dans un vaiffeau fermé, afin que fa folidité bien établie fur des faits, faffe conclure à plus forte raifon, la même chofe pour tous les autres corps.

PREMIERE EXPERIENCE,

PREPARATION.

Dans un vafe de criftal repréfenté par la *Fig.* 14. on verfe cinq ou fix pintes d'eau bien claire ; & l'on met flotter fur la furface de l'eau un petit morceau de liége *A* ; on defcend enfuite perpendiculairement le vafe *B*, afin que l'air qu'il contient ne puiffe pas s'échaper.

EFFETS.

La partie de la furface de l'eau qui épond à l'ouverture du vaiffeau *B*, 'abaiffe à mefure qu'on le fait defcen-lre ; le petit morceau de liége qui lotte deffus, rend cet abaiffement enfible, & fait voir qu'il n'entre point d'eau dans le vaiffeau *B*.

EXPLICATIONS.

Le vaiffeau *B*, contient une colon-ne d'air qui remplit fa capacité ; cette maffe fluide, quoique peu matérielle, eft pourtant compofée de parties réellement folides, qui ne peuvent être déplacées par un autre corps, à moins qu'on ne leur ouvre une nou-velle place qu'elles puiffent aller oc-cuper. Comme le vaiffeau *B* eft fer-mé de toutes parts, & que l'eau qui fe préfente à fon ouverture eft plus pefante que l'air ; ce dernier fluide ne peut fortir du lieu où il eft, & comme il eft folide en fes parties, il fe comporte à l'égard de l'eau qu'il rencontre, comme tout autre corps dont les parties feroient liées. Ainfi la furface de l'eau baiffe autant qu'on fait defcendre le vafe qui contient l'air ; ce qui devient évident par le petit morceau de liége qui flotte deſſus.

Quoique l'air du vaiſſeau *B* , s'op-poſe à l'eau qui fait effort pour y entrer ; ſa réſiſtance n'eſt point telle qu'elle l'en exclue entiérement. Nous verrons ailleurs qu'une maſſe d'air, eſt un corps flexible , & qu'elle peut ſe reſſerrer dans un plus petit volume quand on l'y force : nous ferons voir auſſi qu'un corps plongé dans un fluide , y eſt d'autant plus preſſé, qu'il y defcend plus avant. Ces deux principes une fois ſuppoſés , expliquent fort-bien pourquoi l'eau s'élé-ve un peu dans le vaiſſeau *B* , nonobſ-tant la réſiſtance de l'air ; ce qui ar-riveroit auſſi en ſubſtituant à l'air toute autre matiére flexible , & inca-pable de ſe mêler avec l'eau ; comme nous le prouverons en parlant de la compreſſibilité des corps. Mais quel-que choſe qui arrive , & à quelque profondeur que l'on porte le vaiſſeau *B* , jamais l'eau ne réduira le volume d'air à zéro pour occuper toute la place. Quand une fois l'effort qui ſe

it à la bafe, aura rapproché les par-
es autant qu'elles peuvent l'être, il
eft point de force qui fe refferre
ins un plus petit efpace ; ce qui
ffit pour prouver que le fluide a
omme tous les autres corps, une
lidité abfolue.

APPLICATIONS.

Par l'expérience précédente, pour
eu qu'on y penfe, on apprend pour-
uoi l'on ne remplit point un pot
u tout autre vafe femblable, quand
n le plonge l'orifice en bas ; par
quelle raifon l'entonnoir dont le ca-
ial remplit trop exactement le col
l'une bouteille, n'eft point propre à
introduire une liqueur ; & ce qui
blige d'avoir recours à certaines
voies extraordinaires, pour remplir
des vaiffeaux qui ne font ouverts que
par un très-petit canal, comme la
caffolette de la 3e. Exp. 1e. Sect. Le
préjugé, ou l'habitude que nous
avons de vivre dans l'air, nous fait
regarder comme vuide tout ce qui
n'eft plein que de ce fluide ; dans
cette confiance mal fondée, nous
croyons qu'une liqueur n'a qu'à fe

préfenter de quelque façon que ce
foit à l'ouverture d'un vafe, pour y
trouver accès; mais nous devrions
faire attention que toutes ces capa-
cités font naturellement remplies
d'air, comme elles feroient pleines
d'eau, fi elles avoient été fabriquées
au fond d'un étang, & qu'elles n'en
fuffent jamais forties : nous devrions
penfer de plus, que l'air ayant de la
folidité dans fes parties, on ne doit
pas prétendre de loger avec lui un
autre corps dans le même lieu ; &
qu'ainfi pour mettre de l'eau, du
vin, &c. dans une bouteille, il faut
que l'air puiffe paffer entre le col &
l'entonnoir pour faire place à la liqueur. Mais quand ce col eft tellement étroit, qu'il ne peut pas donner en même-tems un paffage libre
à deux matiéres qui coulent en fens
contraire ; c'eft-à-dire, à la liqueur
qu'on veut faire entrer, & à l'air qui
doit fortir ; il faut que cela fe faffe fucceffivement. C'eft pourquoi
quand on veut introduire l'efprit de
lavande dans la caffolette que nous
avons citée, on commence par la
chauffer, & quand l'action du feu

a

a fait fortir une bonne partie de l'air
qu'elle contenoit, on plonge le col
dans la liqueur qui va prendre fa place. Nous ne confidérons maintenant
dans cet effet, que le déplacement
d'un fluide qui doit précéder l'introduction d'un autre. Lorfque nous expliquerons les propriétés de l'air,
nous ferons connoître comment un
vafe que l'on chauffe, perd une grande partie de l'air qu'il contient.

Nous avons dit pourquoi l'air ne
peut point s'échapper du vaiffeau *B*
dans l'expérience précédente ; c'eft
par la même raifon, qu'il demeure
dans la cloche du plongeur, & qu'il
fournit à fa refpiration pendant quelque-tems. C'eft par la raifon contraire, que l'on puife commodément une
liqueur dans un vafe qu'on ne veut
pas remuer, avec une efpéce de cha-
lumeau renflé par le bas, comme il eft
repréfenté par la *Fig.* 15. Car comme
cet inftrument eft ouvert en *C*, l'air
s'échappe par cette iffue à mefure que
la liqueur s'introduit par *D*; & l'expérience fuivante apprendra comment
on peut le transporter plein en em-
pruntant la réfiftance de l'air extérieur.

Tome I.   G

II. EXPERIENCE.

PREPARATION.

La *Fig.* 16. repréſente une eſpéce de fontaine, dont le canal *E F* eſt ouvert de part & d'autre ; la partie *E* eſt élevée d'environ 2 lignes au-deſ-ſus du fond du baſſin *G H* , qui eſt percé au centre : on remplit d'eau le reſervoir *I K* , juſques aux ¼ environ.

EFFETS.

Cette fontaine coule à pluſieurs repriſes par les petits canaux 1, 2, 3, 4. tant que l'eau contenue dans le reſervoir peut fournir à cet effet.

EXPLICATIONS.

Lorſque le canal *E F* eſt ouvert, il laiſſe un paſſage libre à l'air qui exerce intérieurement ſa preſſion ſur la ſurface de l'eau en *I K*. Il y a alors deux cauſes qui concourent à l'écou-lement ; la preſſion de l'air intérieur, & le poids de l'eau. De ces deux cau-ſes, la premiére eſt contre-balancée par la réſiſtance de l'air extérieur qui répond au bout de chacun des petits

naux 1, 2, 3, 4. & qui s'oppofe
r dehors à la chûte de l'eau avec
e force égale à la preffion qui la
licite par dedans ; la feconde cau-
(le poids de l'eau) fubfifte en-
rement, & fuffit pour la faire cou-
. Mais fi le canal *E F* vient à fe
oucher, l'air intérieur ceffant de
effer la furface de l'eau en *I K*, laiffe
ir librement celui du dehors, dont
réfiftance l'emporte fur la péfan-
ur du liquide, & l'écoulement cef-
. On fe fert affez ingénieufement
l'eau même qui s'écoule, pour cau-
r les intermittences. Comme elle
e peut fortir du baffin *G H* qui la
çoit, que par le trou qui eft au cen-
e ; elle s'y trouve d'abord, & pen-
ant quelque-tems, en affez grande
uantité pour noyer l'extrémité *E* du
anal ; & ce n'eft que quand elle eft
coulée, qu'il fe trouve ouvert de
ouveau, & qu'il rend le paffage à
air.

APPLICATIONS.

On trouve en différens lieux des
ources intermittentes dont les écou-
emens font périodiques ; ces effets

naturels qui fe rencontrent affez ordinairement dans le voifinage des mon-
tagnes, dépendent bien fouvent de
plufieurs caufes qui s'entr'aident pour
la même fin ; mais comme les différentes explications qu'on en donne, font la plûpart fondées fur certaines propriétés de l'air que nous
n'avons point encore fait connoître,
nous différons de les rapporter, jufqu'à ce que l'ordre que nous nous
fommes propofé dans cet ouvrage,
nous ait donné lieu de traiter de ce
fluide. Nous fuppofons feulement ici
(ce qu'il a de commun avec tous les
autres corps) qu'il eft capable de ré-
fifter & d'agir fur d'autres matiéres ;
& nous en trouvons des preuves non
feulement dans les expériences que
nous venons de citer, mais encore
dans plufieurs effets que nos propres
befoins nous mettent tous les jours
fous les yeux. La néceffité de tenir ouverte la partie de l'inftrument cité ci-
deffus * pour permettre à l'eau d'y entrer par l'extrémité *D* ; ne laiffe point
ignorer la réfiftance de l'air qui refte-
roit enfermé. Mais quand on veut
tranfporter la liqueur qu'on a puifée,

Fg. 15.

'eft encore par une femblable réfif-
ınce employée en dehors, qu'on en
ient à bout. En fermant avec le doigt
ı partie *c* du canal, on donne lieu à
air extérieur d'oppofer toute fa force
n *d* à la chûte du liquide renfermé.
.es lampes & les encriers dont les ré-
ervoirs font des bouteilles renverfées,
omme le repréfente la *Fig.* 17. ne font
ncore que des exemples variés des
nêmes effets. Si l'on faifoit la moindre
•etite ouverture en la partie fupérieure
. du vafe, la liqueur fe trouveroit alors
ntre deux puiffances égales ; car l'air
ui réfifteroit en *M* ne feroit qu'équi-
ıbre à celui qui prefferoit par *L*, &
'huile ou l'encre obéiroit librement à
a pefanteur qui ne lui permettroit
ɔas de refter fufpendue au-deffus de
on niveau. Mais tant que le réfervoir
ˀft fermé par le haut, l'air qui s'op-
ɔofe en *M* à des forces fuffifantes pour
outenir la liqueur. Un tonneau plein,
quoiqu'ouvert par un trou de vrille ,
rompe encore l'attente de celui qui
'a percé, s'il oublie de lui donner de
'air par le haut. C'eft encore par la
nême caufe, qu'une bouteille bien
ɔouchée par le col, au fond de la

quelle on a fait fecrétement un trou, inonde & furprend beaucoup celui à qui on la donne à déboucher.

La folidité des corps fe nomme auffi *Impénétrabilité* ; mais ce terme a befoin d'être expliqué pour prévenir des objections tirées de certaines expériences, par lefquelles il paroît que plufieurs matiéres mêlées enfemble confondent leurs grandeurs, & fe pénétrent mutuellement : une éponge, par exemple, reçoit intérieurement une quantité d'eau qui femble perdre fon propre volume ; puifque celui fous lequel elle fe trouve renfermée après cette efpéce de pénétration, n'en eft point fenfiblement augmenté ; un vaiffeau plein de cendre ou de fable admet encore une grande quantité de liqueur ; & parties égales d'efprit de vin & d'eau mêlées dans le même vafe, y tiennent moins de place qu'elles n'en occupoient avant le mêlange : la matiére eft-elle donc pénétrable ? ou fi elle ne l'eft pas, dans quel fens faut-il entendre fon impénétrabilité ?

C'eft qu'il faut foigneufement diftinguer la grandeur apparente des corps,

78

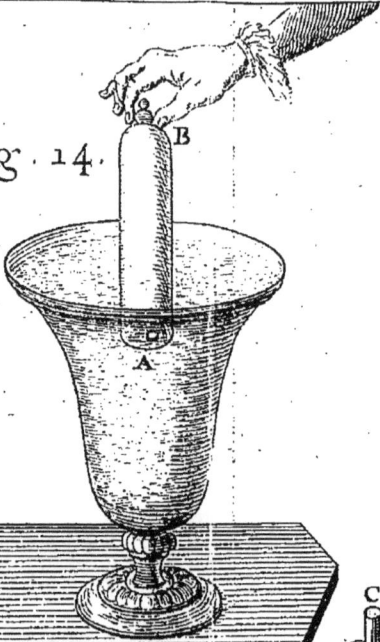

Fig. 14.

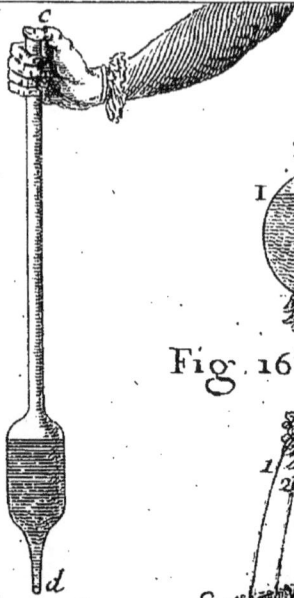

Fig. 15.

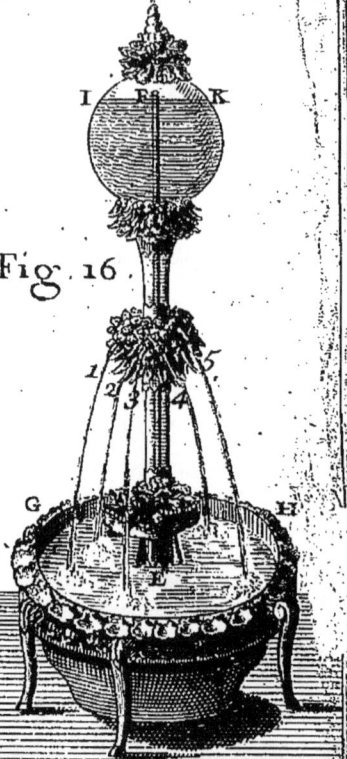

Fig. 16.

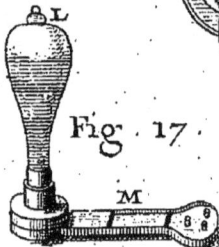

Fig. 17.

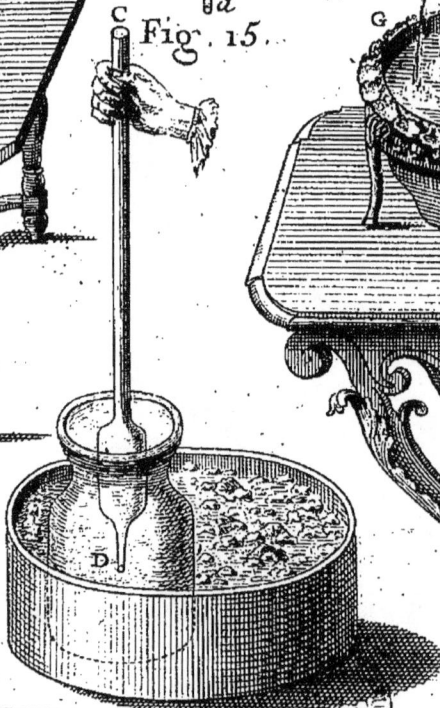

Dheulland del. et Sculp.

de leur folidité réelle. Les parties indivifibles (s'il y en a) font abfolument impénétrables. Celles même d'un ordre inférieur, qui commencent à être compofées, ne font encore vraifemblablement jamais pénétrées par aucune matiére ; en un mot il y a dans tous les corps tels qu'ils puiffent être, une certaine quantité de parties qui occupent feules les places qu'elles ont, & qui en excluent néceffairement tout autre corps. Mais ces parties folides & impénétrables qui font proprement la vraie matiére de ces corps, ne font pas tellement jointes enfemble, qu'elles ne laiffent entre elles des efpaces qui font vuides, ou qui font pleins d'une autre matiére qui n'a aucune liaifon avec le refte, & qui céde fa place à tout ce qui fe préfente pour l'en exclure ; en admettant ces petits interftices dont nous prouverons l'exiftence dans la leçon fuivante, on conçoit très-facilement que l'impénétrabilité des corps doit s'entendre feulement des parties folides qui fe trouvent liées enfemble dans le même tout, & non pas du compofé qui en réfulte.

G iiij

※※※※※※※※※※※※※※※※※※※※※
※ ◇◇◇◇◇◇◇◇◇◇◇◇◇◇◇◇◇◇ ※
※※※※※※※※※※※※※※※※※※※※※

II. LEÇON.
De la Porosité, Compressibilité, & Elasticité des Corps.

PREMIERE SECTION.
De la Porosité.

LA Porosité des corps n'est autre chose que le vuide qui se trouve entre leurs parties solides ; & par ce mot de *vuide* nous ne prétendons pas faire entendre des espaces privés de toute matiére : il est indubitable que la plus grande partie de ces interstices loge des fluides dont la présence se manifeste par mille preuves. Quand je plonge dans l'eau une éponge séche, ou une pierre tendre, j'en vois sortir beaucoup d'air à mesure que l'eau les pénétre : & quand je fais sécher des matiéres humides, elles deviennent plus légeres à mesure qu'elles perdent par l'évaporation, ce que leur porosité avoit admis. Ces corpuscules

étrangers ne rempliſſent que les plus
grands vuidès ; la matiére du feu ,
celle de la lumiére que nous voyons
paſſer dans des corps impénétrables
à l'air, à l'eau, &c. ne nous permettent point de douter qu'il n'y ait des
pores d'un autre ordre , qui ſe rempliſſent de ces fluides beaucoup moins
groſſiers que les autres ; mais quand
on conſidére la matiére propre d'un
corps, c'eſt toujours en faiſant abſtraction de toutes ces parties étrangéres qui ſuivent d'autres loix , & qui
ne participent point à ſes affections.
On peut croire auſſi qu'après ces premiers vuides qui n'en ſont point à
proprement parler , puiſqu'ils ſont
pleins d'une autre matiére , il en eſt
d'autres plus petits & qui le ſont au
ſens littéral. La liberté requiſe pour
les mouvemens, ſemble l'exiger ; mais
s'ils exiſtent dans la nature , ils ne
ſont point ſuſceptibles d'aucune preuve d'expérience. En exceptant donc
ſeulement les parties ſimples & primordiales des corps, nous établiſſons
comme une propoſition générale,que
tout ce qui eſt compoſé de parties
matérielles eſt poreux, les corps durs

comme les liqueurs, ceux qui font organifés comme ceux qui ne le font pas : & s'il y a quelque différence dans les uns & dans les autres, ce n'eft que par la grandeur, par le nombre, par la figure ou par l'arrangement des pores.

PREMIERE EXPERIENCE.

PREPARATION.

La *Figure première* repréfente une machine pneumatique, fur la platine de laquelle on a établi un Canon de verre *N O*, terminé en haut par un vafe de bois de chêne *P*, qui a été creufé felon le fil du bois, & dont le fond eft épais d'environ 3 lignes; on met de l'eau dans ce vafe, & l'on fait agir la pompe.

EFFETS.

Après quelques coups de piftons, l'eau contenue dans le vafe de bois paffe à travers le fond, & tombe par goutes dans le canon de verre; le bois s'étend, & quelquefois le vaiffeau fe fend.

EXPLICATIONS.

La machine pneumatique eſt un inſtrument qui ſert à pomper l'air qui eſt renfermé dans un vaiſſeau. Nous nous abſtiendrons de rien dire ici de ſa conſtruction & de ſes différens uſages, parce que c'eſt une choſe étrangére à notre objet préſent, & qui trouvera naturellement ſa place dans les le-çons qui traiteront des propriétés de l'air. Il nous ſuffira de dire ici qu'en faiſant agir la pompe de cette machi-ne dans l'expérience précédente, on peut ôter l'air qui eſt contenu dans le canon de verre *NO*.

Un morceau de bois conſidéré ſe-lon ſa longueur, eſt un aſſemblage ou un faiſſeau de petites fibres renfer-mées ſous l'écorce qui leur ſert d'en-velope commune. On peut s'en faire une idée (fort groſſiére à la vérité) en ſe repréſentant une botte d'allu-metes couvertes d'un fourreau. Quel-que menues que puiſſent être ces fi-bres ligneuſes, elles ne s'approchent jamais de maniére qu'elles ne laiſſent entre elles des interſtices qui forment autant de petits canaux. En creuſant le vase de l'expérience précédente, on a réduit la longueur de ces canaux à l'épaisseur du fond qui n'est que de deux ou trois lignes ; ainsi l'on peut considerer ce fond comme un crible ouvert par une infinité de petits trous qui passent d'une surface à l'autre ; cependant les pores du bois de chêne sont si petits, que l'eau dont on remplit le vaisseau, aidée de son seul poids, ne peut se faire jour à travers. Il faut emprunter une force étrangére qui la mette en état d'aggrandir les passages & de pénétrer ; on se sert ici de la pression de l'air extérieur, qui agit toujours sur la surface de l'eau, mais qui ne peut avoir son effet que quand on diminue, ou qu'on fait cesser la résistance de celui qui est renfermé dans le canon de verre, & qui lui fait équilibre, tant qu'il y reste : ainsi après quelques coups de pistons, l'eau poussée par dehors n'étant plus soutenue par dedans *N O*, filtre à travers le fond du vase de bois, & s'amasse en gouttes qui forment en tombant une espece de pluye.

Les pores n'ont pas pu s'aggrandir, que les parties solides du bois ne se

foient écartées les unes des autres,
& que la furface ne fe foit étendue ;
mais fi la circonférence que l'eau pénétre moins, ne s'étend pas proportionnellement autant que le milieu,
le fond du vafe deviendra courbe,
ou le vafe lui-même s'ouvrira par quelque fente.

APPLICATIONS.

Les bois qu'on nomme *tendres* (parce qu'étant plus poreux que les autres ils font plus aifés à couper) lorfque leur furface n'eft enduite d'aucune matiére graffe, deviennent humides, quand ils font plus fecs que l'air
qui les touche ; ou bien ils perdent
une partie de leur humidité, s'ils font
dans un air qui en ait moins qu'eux ;
parce qu'il eft de la nature des fluides de s'étendre par-tout avec égalité ; & comme l'état de l'athmofphere
varie fans ceffe, les bois ainfi que tous
les corps fpongieux, fouffrent continuellement des alternatives d'humidité & de féchereffe ; ce qui caufe
des variations dans leurs volumes ; les
furfaces augmentent d'étendue dans
un tems, dans un autre elles dimi-

nuent. C'eſt par cette raiſon, que les charpentes dans les bâtimens neufs, que les cloiſons de ſapins, que les lambriſ & autres ouvrages de menuiſerie qui n'ont point été faits avec des bois long-tems gardés à couvert, ſe ſendent ſouvent avec éclat, & que les aſſemblages perdent leur juſteſſe & leur ſolidité ; qu'une fenêtre qui ſe ferme aiſément dans un tems, ſe trouve trop large dans un autre, & peut à peine rentrer en place ; qu'un tonneau entr'ouvert ſe raccommode en reſtant dans l'eau, &c. Car tous ces effets ne ſont autre choſe que des dimenſions augmentées par l'humidité, ou diminuées par la ſéchereſſe.

Ces ſortes de déſordres ne ſeroient pas à beaucoup près auſſi conſidérables qu'ils ſont, ſi la diminution ou l'augmentation des ſurfaces ſe faiſoit également par - tout & en même tems ; dans les ouvrages qui ſont d'une ſeule piéce, ou qui ſont aſſemblés à colle, il n'arriveroit qu'un changement de grandeur qui ſeroit ſouvent d'une légere conſéquence : mais parce qu'un côté devient humide & plus grand, pendant que l'autre reſte ſec,

& sans diminution, il s'ensuit des ger-
sures, des courbures, des difformités.
C'est ainsi qu'un lambris se creuse en
dehors, quand la surface qui touche un mur humide, demeure plus
étendue que l'autre; & qu'une porte
se déjette, quand les piéces qui la
composent, ne sont pas également susceptibles ou exemptes des impressions
de l'air.

L'usage des peintures à l'huile &
des vernis remédie assez bien à ces
sortes d'inconvéniens : en bouchant
ainsi les pores du bois avec une matiere qui n'est point pénétrable à l'eau,
non seulement on empêche l'humidité d'y entrer, mais aussi celle qui s'y
trouve renfermée dans le tems qu'on
finit l'ouvrage, n'en peut plus sortir,
& c'est un moyen de conserver un
état constant aux choses qui n'en peuvent changer que par le sec ou par
l'humide.

C'est une chose admirable, que des
petites parcelles d'eau qui s'insinuent
dans une matiere solide, puissent ainsi
par leurs petites forces multipliées,
augmenter son étendue, nonobstant
les résistances énormes qui font effort

quelquefois pour la retenir dans ſes
dimenſions. On a vu des cables mouil-
lés à deſſein ſe gonfler aux dépens de
leur longueur, & faire approcher du
point fixe où ils étoient attachés des
maſſes prodigieuſes. Une ſemblable
expérience, & qui n'eſt pas moins digne d'attention, ſe paſſe tous les jours
ſous des yeux qui n'en remarquent pas
tout le beau, dans les carrieres où
l'on taille les meules de moulin. Ces
ſortes de pierres ſont fort dures, &
l'on n'eſt pas dans l'uſage de les ſcier.
On en choiſit un bloc que l'on façonne en forme de Cylindre d'un diamétre convenable. Tandis qu'il repoſe ſur ſa baſe, on le partage par des
tranchées circulaires & paralleles, à
telle diſtance l'une de l'autre qu'il ſe
trouve entre elles de quoi faire autant
de meules : mais comme ces tranchées
ne peuvent pas aller juſqu'à l'axe du
cylindre, il reſte un noyau qu'il faut
rompre à chaque tranche qu'on veut
détacher; pour cet effet on remplit
tout ce qu'on a creuſé, avec des coins
de bois tendre & bien ſéchés, dont
on augmente enſuite le volume en les
mouillant par aſperſion ou autrement.
Ce

Ce qu'il y a de merveilleux dans cette pratique, c'eft que ni le poids, ni la dureté d'une telle pierre, ne puiffe empêcher l'humidité d'avoir fon effet fur le bois, & que par un moyen fi fimple, & fi peu puiffant en apparence, elle fe fépare de la maffe dont elle fait partie.

II. EXPERIENCE.

PREPARATION.

En place du canon de verre de l'expérience précédente, on met celui qui eft repréfenté par la *Figure* 2. il eft garni par le haut, d'un flacon de criftal dont le fond eft de cuir de buffle, & dans lequel on a mis du mercure jufques à la hauteur de deux doigts environ.

EFFETS.

Au premier ou au fecond coup de pifton le mercure paffe à travers le cuir, & tombe dans le tube par petits globules qui imitent une pluye d'argent.

EXPLICATIONS.

La peau de buffle qui fert de fond

Tome I.   H

au flacon, eft, comme celle de tous les autres animaux, très-poreufe; le mercure qui repofe deffus, n'eft pas en affez grande quantité pour forcer le paffage par fon propre poids; mais quand on y joint la preffion de l'air extérieur comme dans la premiere expérience, alors fes petits globules fe font jour, & imitent en tombant, une pluye d'argent, par leur nombre & par leur couleur.

Applications.

La vie des animaux s'entretient par les alimens; mais de tout ce qu'ils prennent par forme de nourriture, la nature n'en employe qu'une très-petite partie à la fubfiftance du corps qui les digére: quand elle a fait fon extrait, & qu'elle l'a placé felon fes vues, elle a des voyes par lefquelles elle fçait fe débarraffer du fuperflus; on croiroit volontiers que les évacuations les plus vulgairement connues font auffi celles qui emportent la plus grande quantité de ces fubftances excédentes; mais il en eft d'autres qu'on apperçoit moins & qui opérent davantage, parce qu'elles fe font continuellement. Ce qu'on appelle *transpiration*, n'est autre chose qu'une évaporation d'humeurs surabondantes qui se fait en plus grande partie par les pores de la peau : si elle est telle qu'elle rende la surface du corps notablement humide, elle se nomme transpiration sensible, ou vulgairement *sueur* ; & cet état n'est pas naturel, il suppose un exercice violent, ou quelque agitation extraordinaire dans les parties internes ; mais l'animal le plus tranquille & qui se porte le mieux, n'est pas un instant sans transpirer d'une maniere peu sensible à la vérité, mais si efficace à la longue que selon les expériences de Sanctorius, de M. Dodart, & de quelques autres personnes qui les ont faites avec soin, de huit livres de nourriture qu'un homme auroit prises en 24. heures, la transpiration insensible en enleve cinq.

On ne doit donc pas être surpris du dépérissement & de la défaillance de ceux qui sont trop long-tems sans manger, ou qui ne prennent que des substances peu capables de fournir à la réparation de celles qui

se perdent continuellement par la
transpiration : mais on a raison de
l'être quand on voit des létargiques
& certains animaux , comme les
marmotes , les loirs , &c. vivre plusieurs mois endormis sans prendre
aucun aliment.

Ceux qui ont vû des corps vivans &
endormis de cette sorte , ont dû s'appercevoir que leur état ressemble bien
plus à un engourdissement général répandu dans toute l'habitude du corps,
qu'au sommeil naturel & commun.
Dans un animal qui n'est simplement
qu'endormi selon le cours ordinaire
de la nature , la respiration est sensible
& fréquente ; la chaleur & la molesse
des membres témoignent que les humeurs se meuvent & circulent avec
liberté ; il n'y a pour ainsi dire qu'un
pas à faire de ce sommeil au reveil ;
ainsi la transpiration continue , parce
que ses causes sont à peu - près les
mêmes : mais dans un létargique ce
n'est pas la même chose , tout est
dans une inaction presque entiére ;
il ne différe d'un mort que par un
reste de mouvement qui se laisse à
peine appercevoir , & qui le plus

souvent ne se ranime plus : ou s'il se ranime enfin, l'extrême maigreur & la grande foiblesse du malade marquent bien à son reveil la perte qu'il a faite de sa substance par une transpiration plus lente mais trop longue. J'ai observé quelquefois de ces espéces de rats qu'on nomme loirs ; l'engourdissement où ils étoient, leur rendoit les membres aussi roides que s'ils eussent été morts; à peine paroissoient-ils plus chauds que la muraille d'où on les avoit tirés ; presque aucun signe de mouvement interne, & une difficulté pour les éveiller qui permettoit de les agiter de toute maniére, & même de leur faire des blessures. Dans un tel état, l'animal fait bien peu de dissipation ; il peut donc le soutenir quelque tems sans nourriture, & ce tems où il vit ainsi, est toujours celui de toute l'année, où la transpiration est moins abondante, c'est-à-dire, pendant le froid.

Dans les grandes chaleurs de l'été on transpire davantage, & d'ordinaire on mange moins que dans toute autre saison ; les parties de l'estomac destinées à faire la digestion des

alimens, se relâchent justement lorsqu'il seroit le plus necessaire qu'elles
exerçassent leurs fonctions ; les animaux sont alors moins vigoureux,
parce qu'ils perdent plus , & qu'ils
réparent moins qu'en tout autre tems;
l'apétit & le besoin de manger ne
sont point la même chose.

Si la peau des animaux a des pores qui transmettent les humeurs du
dedans au dehors ; elle en a aussi qui
permettent le passage à des matiéres
qui agissent du dehors au-dedans; la
médecine applique extérieurement
des remédes qui portent leurs effets
jusqu'aux parties les plus internes,
& qui ne permettent point de douter
de cette derniére espéce de porosité.

III. EXPERIENCE.

PRÉPARATION.

On met un œuf dans un gobelet
de verre plein d'eau claire, que l'on
couvre d'un recipient sur la platine
de la machine pneumatique , comme il est représenté par la *Fig. 3.*

EFFETS.

Quand on fait agir la pompe pour ôter une partie de l'air qui eſt dans le récipient, toute la ſurface de l'œuf ſe couvre de petites bules d'air qui ſe détachent peu à peu, pour gagner la ſurface de l'eau ; & à certains endroits de l'œuf on remarque des petits jets d'air qui ſont formés par une ſuite continuelle de petits globules.

EXPLICATIONS.

La coque d'un œuf eſt poreuſe, & par cette raiſon il s'évapore en peu de jours une partie de ſa ſubſtance, qui eſt bien-tôt remplacée par l'air qui l'environne. Cet air contenu dans l'œuf n'en ſort point tant qu'il eſt retenu par la preſſion de l'athmoſphére ; mais quand on diminue ou qu'on fait ceſſer cette preſſion, comme il arrive dès qu'on ôte l'air qui eſt dans le récipient & qui preſſe l'eau contre toute la ſurface de l'œuf ; auſſi-tôt l'air intérieur, par une propriété que nous expliquerons dans ſon tems, fait effort pour paſſer au dehors ; & montre en ſortant les pores de la

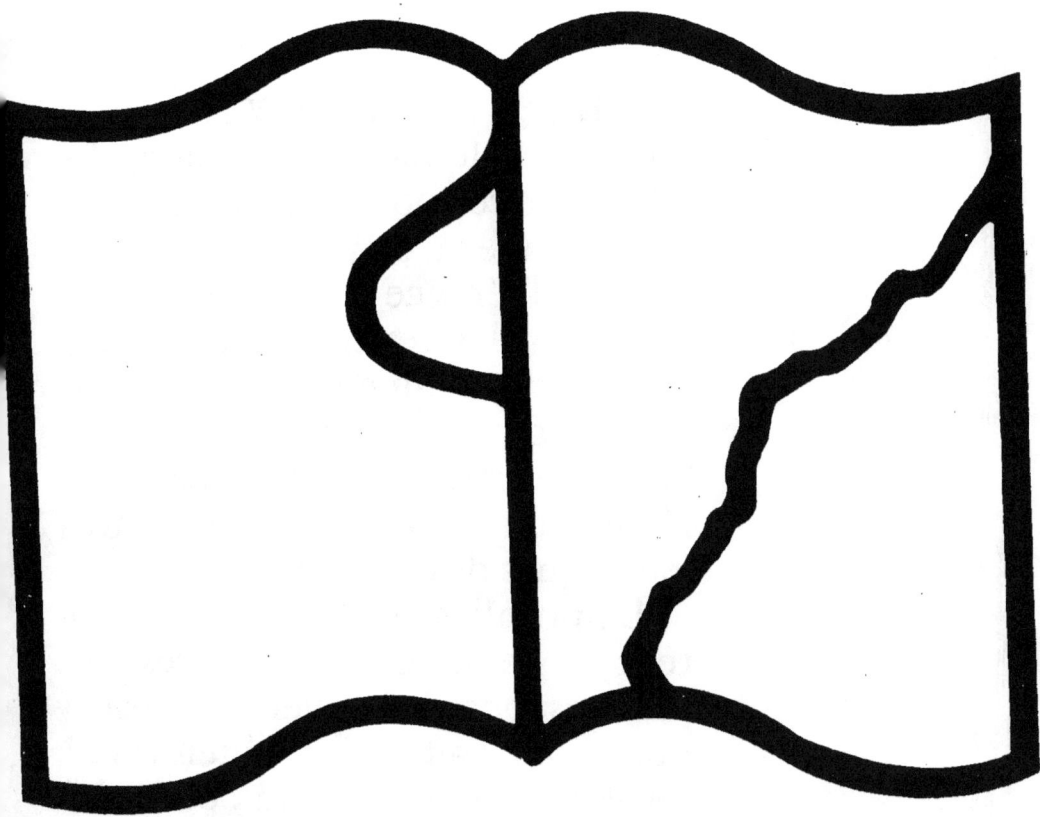

Texte détérioré — reliure défectueuse

NF Z 43-120-11

coque par lesquels il y étoit entré. La plûpart de ces pores sont si petits que l'air n'y passe qu'en parties insensibles; mais l'adhérence mutuelle de ces particules les retient jusqu'à ce que le volume augmenté par un assez grand nombre, soit forcé de s'élever à la surface de l'air, par la différence qu'il y a entre les pesanteurs spécifiques des deux fluides.

La porosité n'est point égale partout, il y a des endroits où ces petits passages sont plus ouverts, & par lesquels l'air passe assez librement, & en assez grande quantité, pour obéïr tout d'un coup à sa légéreté respective; c'est ce qui donne lieu à ces petits jets qu'on remarque en différents endroits. L'eau que l'on met dans le gobelet, & dans laquelle l'œuf doit être entiérement plongé, ne sert que pour faire appercevoir les bules d'air qui sortent de la coque, & qu'on ne pourroit pas remarquer si elles passoient immédiatement dans l'air du récipient.

APPLICATIONS.

Les œufs qu'on nomme frais, sont
ceux

ceux qui n'ont point encore perdu cette partie qu'on nomme le lait, & qu'on trouve d'abord en les ouvrant quand ils ne font point trop cuits : ainfi fans avoir égard à la date, on pourroit nommer de même ceux qui feroient pondus depuis plufieurs jours, mais à qui l'on auroit épargné cette diffipation de fubftance, qui n'eft qu'un effet de l'évaporation qui fe fait affez promptement par les pores de la coque. Non-feulement c'eft une chofe curieufe de conferver frais par leurs qualités, des œufs qui font vieux par le tems ; mais il y a un avantage réel à fe procurer toujours en bon état un aliment qui devient fouvent équivoque quand il eft gardé. Dans les voyages de Mer, & dans les faifons où les poules ne pondent point ou très-rarement, c'eft une véritable reffource, qu'une provifion d'œufs qui font auffi bons que s'ils étoient nouvellement pondus. M. de Reaumur qui ne borne jamais fes recherches à des fpéculations de fimple curiofité, nous en offre un moyen qui paroît auffi fimple & plus fûr que tous ceux qu'on avoit imaginés avant lui.

Il conseille de boucher les pores de
l'œuf avec un enduit indiffoluble à
l'eau, & qui ait quelque confiflance
afin que ce qui fait effort pour tranf-
pirer du dedans au dehors de l'œuf,
ne puiffe pas fondre ce qui fe fera
moulé dans les pores comme autant
de petits bouchons. Deux ou trois
couches de vernis le plus commun,
une legére couverture de graiffe de
mouton, ou de cire chauffée feulement jufqu'à liquidité, font des
moyens qui réuffiffent également; &
je puis dire d'après ma propre expérience, qu'un œuf ainfi gardé cinq
ou fix mois fait encore le lait, & n'a
pas le moindre mauvais goût.

Les œufs vernis ou enduits, comme on vient de le dire, n'ont pas
feulement l'avantage de fe conferver
bons pour être mangés comme frais;
ils ont encore celui de pouvoir être
couvés en toute fûreté, après un
tems qui, fans cette précaution, feroit craindre avec raifon qu'ils ne
fuffent corrompus : c'est donc un
nouveau moyen pour tenter d'élever
des oifeaux étrangers, qu'on ne peut
tranfporter vivans qu'avec beaucoup

le peine & d'embarras , & qui pour
l'ordinaire ne s'accouplent point hors
de leur pays. Leurs œufs vernis fe
tranfporteront aifément , feront propres à être couvés après un long
tranfport ; & l'on fçait qu'une efpéce
couve les œufs d'une autre : une
poule fait éclore des canards , des
faifans , &c. Mais en pareil cas il ne
faut pas oublier de préférer le vernis
à tout autre enduit qui s'appliqueroit chaud , & qui pourroit tuer le
germe ; non plus que d'ôter le vernis
même qui couvre la coque , quand
il s'agit de mettre les œufs fous l'oi-
feau qui les doit couver. Cette tranf-
piration qu'on avoit intérêt d'arrêter
jufqu'alors , devient néceffaire pendant l'incubation ; & ce font encore
deux faits également conftatés par
les expériences de M. de Reaumur :
1°. qu'un œuf verni demeure envain
fous l'oifeau qui couve ; 2°. que celui qui a été enduit & qui ne l'eft plus,
fe couve & vient à bien comme s'il
ne l'avoit jamais été.

IV. EXPERIENCE.

PREPARATION.

Sur un morceau de papier blanc, on écrit ou l'on deſſine ce que l'on veut avec une liqueur claire & ſans couleur, qui eſt préparée avec du vinaigre diſtillé & de la litarge; on met le papier, qui ne porte aucune marque d'écriture quand il eſt ſec, dans les premiéres feuilles d'un livre qui a 400 ou 500 pages; on étend enſuite avec une petite éponge ſur la derniére feuille du livre, une autre liqueur qui n'eſt pas plus colorée que la premiére, & qui eſt une préparation faite avec l'orpiment, la chaux vive, & l'eau commune; & l'on tient le livre fermé pendant trois ou quatre minutes. *Fig.* 4.

EFFETS.

Quand on retire le papier qu'on avoit mis dans le livre, on trouve coloré d'un brun noir tout ce qu'on y avoit écrit ou deſſiné avec la premiére liqueur; & l'on ne rencontre aucune marque ſemblable dans tout le reſte du livre.

EXPLICATIONS.

Ces deux liqueurs que l'usage a nommées *encres de sympathie*, sont de telle nature, que partout où elles se rencontrent, leur mélange paroît sous une couleur qu'elles n'avoient ni l'une ni l'autre avant que de se joindre. C'est un effet qui leur est commun avec plusieurs autres liqueurs, & dont nous essayerons de rendre raison en parlant de la lumiére & des couleurs. La derniére de ces deux liqueurs exhale une vapeur fort pénétrante qu'on apperçoit à l'odeur, & qui passe à travers des feuillets du livre en très-peu de tems. Or la vapeur d'une liqueur, c'est la liqueur même divisée en très-petites parties, & dans cet état elle est également propre à s'unir avec ce qu'on a étendu de la premiére sur le papier blanc; il s'y fait donc un mélange des deux qui paroît sous la couleur qu'elles doivent faire naître toutes les fois qu'elles se joignent ensemble:& comme cette couleur dépend absolument de l'union des deux; la vapeur en pénétrant le livre n'a dû laisser aucune

I iij

trace de son paffage , puifqu'on fuppofe que les feuilles ne portoient
rien de la première liqueur.

Applications.

Depuis qu'on a banni de la Phyfique toutes ces qualités occultes avec
lefquelles on répondoit à tout , mais
qui au fond ne rendoient raifon de
rien à quiconque vouloit des idées
claires & diftinctes : on ne doit plus
recevoir la *fympathie* & *l'antipathie*,
comme les caufes d'aucun phénoméne , à moins qu'on ne prenne ces
mots par abbréviation , pour l'action
méchanique d'un corps fur un autre ;
comme quand on dit , *tel reméde*
ou tel aliment, eft ami de la poitrine ,
de l'eftomac , &c. façon de parler,
pour dire qu'on en doit attendre un
bon effet , & pour ne point expliquer en détail comment fe paffe cette action qui conferve , ou qui répare.
Mais fi quelqu'un pour rendre raifon
de l'expérience précédente avoit dit:
la feconde liqueur fait paroître la premiére , parce qu'elle fympathife avec
elle ; il n'auroit rien dit pour ceux
qui veulent une explication intelligi-

ble : on exigeroit de lui qu'il fît connoître en particulier ou au moins en
général , en quoi confiste cette sympathie ; ses raisons ne se feroient goûter que quand il les établiroit sur des
principes connus : car s'il supposoit
dans son explication quelque chose
de nouveau en Physique , il faudroit
encore qu'il le prouvât , sans quoi ce
ne seroit qu'une hypothése qui n'auroit nulle force.

Ce qui fait recourir aux sympathies
ou aux antipathies pour expliquer
certains faits , c'est ordinairement la
difficulté qu'on trouve à les accorder
avec les loix ordinaires & connues de
la nature ; mais ceux qui en usent
ainsi , font souvent bien peu informés
de ces loix , & de l'usage qu'on peut
faire de leur connoissance. Un homme instruit , sçait que les propriétés
que nous connoissons dans les corps
font en bien petit nombre , mais
qu'elles sont très-fecondes dans leurs
applications : elles se montrent par
tant d'endroits différens , qu'il a peine à se persuader de les trouver jamais en défaut ; sans se flatter de les
connoître toutes , il ne se permet pas

legérement la liberté d'en imaginer de nouvelles ; il aime mieux croire qu'il ne les voit pas toujours où elles font , & que ce qu'il n'apperçoit pas est refervé à un génie plus heureux ou plus clairvoyant.

Mais (il faut l'avouer) les faits font inexplicables très - fouvent , parce qu'ils font faux ou exagerés ; & c'est agir prudemment que de les conftater avant que de faire les frais d'une explication. Ceux qui les racontent ont cru voir ce qu'ils n'ont point vû , faute de difcernement ou d'attention; ou bien ils les redifent d'après gens intéreffés ou de mauvaife foi ; fi la crédulité , l'amour du merveilleux vient encore à l'appui de l'ignorance & de la prévention , on reçoit comme faits conftants toutes les imaginations creufes & puériles qui fe préfentent , & toutes les exagérations qui fe tranfmettent de bouche en bouche , & qui s'accréditent par le tems & par l'autorité de quelqu'un à qui l'on fuppofe des lumiéres qu'il n'a pas. Je ne parle point de l'impoffibilité prétendue d'accorder fur un inftrument deux cordes, dont l'une

seroit de boyaux de mouton , & l'autre de boyaux de loup; du danger imaginaire de jetter dans le feu de l'urine
ou du sang ; de la guérison qu'on at-
tend de certains fruits qu'on porte
dans sa poche , ou qu'on jette dans
un puits ; & d'une infinité d'autres re-
medes ou préservatifs semblables ,
dont tout le monde sent le ridicule ,
& qui ne s'appuyent d'aucune expérience qu'on puisse citer. Mais , qui
est-ce qui n'a point entendu parler de
la fameuse poudre de sympathie,& de
ses effets admirables? On sçait que ce
n'est autre chose que du vitriol cal-
ciné au Soleil & pulvérisé ; ce minéral
est astringent ; quand on l'applique
sur une plaie il ne manque guére de
la dessécher , & de la disposer à se
fermer en peu de tems : jusqu'ici
point de sympathie, dans le sens qu'on
le suppose. Quand on employe cette
poudre près du blessé sur un linge
baigné de son sang encore chaud , il
arrive quelquefois que la blessure
s'en ressent ; il n'y a encore là rien de
sympathique, que pour ceux qui ignorent que du vitriol en poudre s'exhale
en particules insensibles , que l'air

voisin porte aux environs , & qui s'attachent par préférence aux endroits humides. Mais le merveilleux de cette opération, c'est quand cette poudre agit à une grande distance, comme à 4. à 6. ou à 10. lieues.

Il n'y a pas d'apparence (il faut en convenir) qu'on explique jamais un tel phénoméne avec quelque vraisemblance par les loix ordinaires & connues de la nature : mais pourquoi chercher à l'expliquer ce prétendu phénoméne , s'il n'est qu'une exagération outrée de quelque Charlatan, soutenue aveuglément par la crédulité , & par l'envie d'entendre & de débiter des merveilles ? C'est le jugement qu'on doit en porter d'après ceux qui n'en ont voulu croire que leurs propres yeux. * Combien de pareilles chiméres s'évanouiroient , si l'on étoit de bonne foi dans le récit des faits & de leurs circonstances ?

* Cours de Chymie de Lemery, p. 492.

Autant nous sommes certains que la porosité est une propriété commune à tous les corps, autant nous ignorons la quantité absolue de leurs pores. Comme tout ce qui est matiére est pesant, & que la pesanteur ne convient qu'à ce qui est matériel ; nous sçavons bien qu'un corps a moins de vuide qu'un autre, quand à volume égal il pése davantage que lui : mais cette comparaison ne nous apprend que leur porosité relative ; elle ne nous dit pas que dans l'un des deux il y a justement telle ou telle quantité de parties solides , ce qui nous feroit connoître évidemment de combien il est poreux. Le vrai moyen d'en être instruit , seroit d'avoir une matiére de comparaison qui fût toute solide, en qui la grandeur & le poids fussent absolument synonimes : car en comparant une portion de cette matiére avec un pareil volume d'une autre matiére ; si celle-ci pesoit moitié moins , par exemple , on auroit raison de conclure , non - seulement qu'elle est une fois moins solide, comme nous faisons d'ordinaire ; mais on sçauroit de plus la juste valeur de ce *moins* , & l'on regarderoit comme certain , que la porosité de cette matiére comparée , seroit égale à sa solidité ; puisque la pésanteur , attribut qu'on peut regarder comme inséparable des parties matérielles, s'y feroit sentir une fois moins que dans une semblable étendue qu'on suppose toute matiére.

Mais un corps de cette espece ne sera jamais qu'une supposition qu'on ne peut pas réaliser ; nous ne connoissons rien de semblable dans la nature. L'or est de tous les êtres matériels que nous connoissons, celui qui est le plus compacte, & qui renferme le plus de matiere sous un volume déterminé ; il n'y a point de matiere connue dont un pouce cube pese autant qu'un pouce cube d'or. Cependant ce métal est poreux, puisqu'en un moment le mercure s'y introduit, & que l'eau régale dont on se sert pour le dissoudre, agit de surface en surface jusques à la derniére. Plusieurs Physiciens * même ont porté leurs conjectures jusques à croire qu'il pouvoit y avoir dans l'or autant de vuide que de plein. Quelle idée aurons-nous donc de la porosité des autres corps ? de l'eau commune, par exemple, qui pese environ dix-neuf fois moins que l'or ; ou de l'air qui est 800 fois moins solide que l'eau.

Une matiere n'est pas toujours plus poreuse qu'une autre par cette

*Newton. Traité d'Optique,liv.2. part.3.prop. 8.

eule raifon qu'elle a des pores plus
ouverts ; le nombre compenfe fouvent ou furpaffe même dans l'une ce
que fait la grandeur dans l'autre. Un
bouchon de liége , quelque comprimé qu'il foit dans le col d'une bouteille , ne devient jamais auffi compacte qu'un morceau de bois de quelqu'autre efpece : jamais fon volume
diminué par compreffion ne le rend
auffi pefant que le chêne, par exemple ; fa porofité eft donc toujours
plus grande ; cependant ni le chêne ,
ni aucun autre bois femblable ne fera
jamais auffi propre que le liége pour
arrêter l'évaporation de quelque liqueur renfermée dans un vaiffeau ; il
eft donc plus que vraifemblable que
fi dans l'un des deux la fomme des
vuides eft plus grande , c'eft moins
par la grandeur que par le nombre
des pores. Quand l'eau régale qui
diffout l'or, refufe de pénétrer une
maffe d'argent , dira-t-on , en conféquence de la légereté refpective de
ce dernier métal , qu'il a les pores
plus ouverts que le premier ? pourquoi ce qui entre dans celui-ci ne
peut-il pas entamer l'autre, fi, comme

on le suppose, ses parties plus distan-
tes les unes des autres, donnent plus
de prise au dissolvant ? Ne vaudroit-il
pas mieux dire que les petits vuides
dans l'argent, ne sont pas tout-à-fait
aussi grands que dans l'or, mais qu'ils
sont beaucoup plus nombreux ?

Jusques ici l'explication ne va point
mal. Mais si l'on répond que l'eau
forte ordinaire, qui divise l'argent &
la plûpart des autres métaux, ne donne aucune atteinte à l'or ; il faut avouer
que la grandeur respective des pores
devient une raison bien foible ; car
pourquoi ce qui peut s'introduire
dans une moindre ouverture n'en
peut-il pas pénétrer une plus grande ?
Est-ce qu'il faudroit une juste proportion entre les petites pointes du
dissolvant, & les pores de la matiere
dissoluble ? ou bien, faudra-t-il pour
étayer cette explication, joindre la figure à la grandeur ?

On ne peut douter qu'une matiere ne différe d'une autre par la confi-
guration de ses parties insensibles ; &
de ce qu'elles sont différemment fi-
gurées en différens corps, il s'ensuit
que les pores dans les uns & dans les

utres doivent prendre différentes
ormes. A l'aide de ce principe qui
est inconteſtable, on conçoit aiſément qu'une particule ſolide pour ſe
placer dans un de ces petits vuides,
ou pour paſſer de l'un à l'autre, doit
avoir non - ſeulement une grandeur
proportionnée, mais auſſi une figure
convenable ; & que l'une de ces deux
conditions venant à manquer, l'autre peut fort bien ne pas ſuffire. C'eſt
ici le cas où l'on eſt obligé de reconnoître, qu'avec des principes certains
& avoués d'ailleurs, on demeure encore en doute ſur les explications,
quand on n'applique ces principes
que par conjectures, & que l'expérience ne dit pas ſi l'on a bien deviné.

Au reſte quoique nous ignorions,
ſi c'eſt une proportion de grandeur,
ou de figure, ou l'une & l'autre enſemble, qui font agir un diſſolvant
ſur une matiere préférablement à une
autre ; le fait n'en eſt pas moins connu, & depuis long-tems les arts en
ont fait leur profit.

Le Graveur en taille douce prend
une planche de cuivre mince & bien
polie ; il l'enduit légerement d'une

espece de cire préparée qu'il noircit
à la fumée d'un flambeau ; il deſſine
enſuite ſur cette ſurface enduite, avec
une pointe d'acier qui découvre le
cuivre par autant de traits que ſon
deſſein en exige ; il borde ſa planche
avec un cordon de cire amollie, il la
poſe horizontalement, & il la couvre
de 3. ou 4. lignes d'eau forte affoiblie avec de l'eau commune au tiers
ou à moitié. En peu de tems le cuivre découvert par la pointe d'acier
céde à l'action du diſſolvant, & ſe
creuſe plus ou moins ſelon les vues
de l'artiſte qui régle la durée de l'o-
pération, pendant que la cire (qui
ne ſe diſſout point dans l'eau forte)
conſerve le reſte de la ſurface en ſon
entier. C'eſt ainſi qu'on prépare une
feuille de métal pour multiplier 3000.
ou 4000. fois la même Eſtampe, en
la faiſant paſſer ſucceſſivement par la
preſſe ſur autant de feuilles de papier.

Le marbre eſt impénétrable à l'eau,
& à quantité d'autres liqueurs ; mais il
ne l'eſt pas pour l'eſprit de vin, pour
l'eſprit de therebenthine, pour la
cire fondue : ces exceptions ont été
ſaiſies par des perſonnes ingénieuſes
comme

comme autant de moyens pour introduire dans l'intérieur du marbre des couleurs étrangeres , & pour imiter avec celui qui est blanc les autres especes qui sont naturellement colorées. Feu M. Dufay qui s'étoit beaucoup exercé à teindre des pierres dures , & qui a fait part à l'Académie des Sciences de ses découvertes en ce genre , * me fit voir plusieurs fois des tables de marbre artificiellement teintes , bien imitées, & si fortement pénétrées qu'elles avoient été polies depuis sans rien perdre de leurs couleurs.

Mém. de l'Acad. 1728. pag. 50.

Les vernis dont on fait maintenant tant d'usage , ne sont autre chose que des gommes de différentes especes que l'on liquefie par le moyen de quelque dissolvant. Telle s'étend dans l'esprit de vin qui reste entiére dans les huiles qu'on employe avec succès pour fondre les autres ; tout l'art consiste à connoître dans quelle maniere chacune est dissoluble , & ce choix ne devient sans doute nécessaire que par la différence qu'il y a entre la porosité des unes & celle des autres.

Tome I.   K.

III. SECTION.

De la Compreſſibilité & de l'Elaſticité des Corps.

TOut ce que nous avons dit de la poroſité, a déja dû faire connoître que la grandeur apparente d'un corps quelconque excéde toujours la quantité réelle de ſa matiére propre : & cet excès varie peut-être autant que les eſpeces qui compoſent l'univers ; car on rencontre rarement deux matieres qui, à volumes égaux, peſent également.

C'eſt ce raport du volume à la maſſe qu'on nomme *denſité* : un corps eſt plus denſe qu'un autre, quand la quantité réelle de ſa matiere différe moins de ſa grandeur apparente ; ou (ce qui eſt la même choſe) quand ſous une grandeur donnée, il contient plus de parties ſolides. Le plomb eſt donc plus denſe que le cuivre, l'air eſt moins denſe que l'eau.

Mais le même corps peut changer

le denfité ; c'eft-à-dire, que fa maffe eftant la même, fon volume peut varier, foit en augmentant, foit en diminuant. Quand un corps devient plus denfe, c'eft que fes parties folides fe raffemblent dans un plus petit efpace ; & cela peut fe faire de deux manieres, ou lorfqu'on fupprime une caufe interne qui les tenoit plus écartées, ou quand on applique extérieurement une force qui les oblige à fe rapprocher mutuellement. On peut diftinguer l'une de l'autre, ces deux manieres de diminuer le volume d'un corps, en appellant la premiere, *condenfation* ; l'autre, *compreffion* ; (quoique, à dire vrai, ce foit toujours condenfer une matiere que d'occafionner la diminution de fon volume de quelque façon que ce foit :) ainfi ferrer de la neige dans les mains pour en faire une pelotte, c'eft la comprimer ; faire refroidir une liqueur, ou diminuer la chaleur qui dilate fes parties, c'eft la condenfer.

Nous ne connoiffons aucun corps dans la nature (en faifant abftraction des parties élémentaires, ou atômes, s'il y en a) dont le volume ne puiffe être diminué de l'une de ces deux manieres au moins, & affez souvent de l'une & de l'autre façon. Quelque dure que puisse être une matiere, elle ne l'est jamais parfaitement ; ses molécules font toujours plus ou moins dilatées, soit par un mouvement interne qui peut être ralenti, soit par l'action d'un fluide étranger qui la pénétre, & qu'on peut vaincre par une puissance extérieure. Une barre de fer, par exemple, qui a été chauffée jusqu'à rougir, devient ensuite plus menue & plus dure, à mesure qu'elle se refroidit ; parce que ses parties se rapprochent peu à peu, en perdant le mouvement violent qu'elles avoient acquis dans le feu. Une éponge mouillée & dilatée par l'eau qu'elle contient, se place dans un espace beaucoup moindre, quand on exprime le fluide qui remplit ses pores. Une boule de marbre ou de verre, un diamant même, jettés sur quelque chose d'aussi dur, rejaillissent à l'instant ; & nous ferons voir bien-tôt que le mouvement de réflexion est une preuve de la compressibilité du corps réfléchi.

Tous les corps généralement dans
tel état qu'ils se préfentent, folides,
fluides, ou liquides, font fufceptibles
de condenfation. Un morceau de
marbre, & fur-tout s'il eft noir, fe
trouve fenfiblement plus petit, quand
il a fejourné quelque tems dans un
lieu beaucoup plus froid que celui
où il étoit, lorfqu'on l'a mefuré d'a-
bord. Une veffie ou un ballon rempli d'air pendant l'été, devient flaf-
que pendant l'hyver; & la liqueur du
thermomètre ne defcend vers la boule, que quand fon volume ne fuffit
plus pour remplir la partie du tube,
qu'elle occupoit dans un tems plus
chaud : mais nous remettons à parler
plus amplement de la manière dont
les corps fe condenfent, en traitant du
feu & de la chaleur qui les rarefient.

Quant à la compreffion, on ne
peut pas dire qu'elle convienne auffi
généralement à la matière confidérée
dans tous fes états : tous les corps folides font compreffibles, & jufqu'ici
l'expérience n'en a fait excepter aucuns; l'air fe comprime confidera-
blement, & produit par cette propriété des effets furprenans, que nous

rapporterons dans leur lieu. D'autres fluides comme la fumée, la flamme, &c. n'ont point encore été éprouvés dans cette vûe ; sans doute parce qu'il seroit très difficile, & probablement impossible de les appliquer seuls à des expériences de cette espéce ; mais pour les liqueurs, elles n'ont jamais donné directement aucun signe de compressibilité, quelque chose qu'on ait fait ; & il semble que l'on a fait d'abord tout ce que l'on peut faire : l'expérience de l'Académie *del cimento*, est aussi ingenieuse que le résultat devoit être peu attendu ; & l'on ne voit pas que depuis qu'on l'a faite, personne ait tenté de faire mieux ; M. Newton * la rapporte comme une chose fort curieuse ; & comme s'il eût apprehendé qu'un fait aussi surprenant ne fût revoqué en doute, il assure qu'il le tient d'un témoin oculaire ; pour moi je le cite d'après mes propres yeux, & l'usage que j'en fais dans mes cours a déja mis bien du monde à portée de le citer de même : voici le fait.

* Traité d'opt. liv. 2. part. 3. prop. 8.

PREMIERE EXPERIENCE.

PREPARATION.

Une boule de métal dont on a mefuré exactement la capacité, affez mince pour être fléxible, remplie d'eau entiérement, & bouchée de façon qu'elle ne puiffe rien perdre par l'orifice, s'applique à une petite preffe qui eft repréfentée par la *Fig.* 5.

EFFETS.

Quand on fait agir la preffe, la boule de métal comprimée, s'applanit un peu ; & fi l'on continue de preffer, l'eau fe fait jour à travers des pores, & paroît fur la furface en petites goutes femblables à celles de la rofée.

EXPLICATIONS.

C'eft une chofe démontrée, qu'une capacité fphérique, à furfaces égales, contient plus de matiére que toute autre ; il s'enfuit qu'un vaiffeau qui a cette figure, & qui eft plein, ne peut pas la perdre qu'il n'arrive de ces deux chofes l'une; ou qu'il augmente de surface pour conserver la même capacité, ou que ce qu'il renferme se condense en diminuant de volume. Quand l'eau commence à passer à travers le métal, la boule se trouve un peu applatie ; mais en mesurant sa capacité, on la trouve la même qu'elle étoit avant l'experience : il faut donc convenir que cet applatissement n'est dû qu'à la ductilité du métal ; & que le volume de l'eau n'a point été sensiblement diminué sous la presse.

Boyle, le Baron de Verulam, & quelques autres Physiciens qui ont essayé de comprimer l'eau dans des boëtes de métal, ont cru voir des marques de sa compressibilité ; mais il y a toute apparence que ce qu'ils ont apperçû, devoit être attribué à la fléxibilité ou au ressort du métal, ou bien à celui de quelques bulles d'air renfermées avec l'eau dans la même boëte.

II. EXPERIENCE.

PRÉPARATION.

A B C D, *Fig.* 6. est un tube de verre

verre fort épais, qui a 3 lignes de diamétre intérieurement, 7 pieds de hauteur, & qui eſt recourbé en forme de ſciphon; on y verſe d'abord un peu de mercure qui remplit la courbure, & qui ſe met de niveau en *B C*; on emplit la partie *C D* avec de l'eau; on bouche exactement & ſolidement le tuyau en *D*, & l'on verſe enſuite du mercure dans la branche *A B*, juſqu'à ce qu'elle ſoit entiérement pleine.

EFFETS.

La colonne d'eau qui eſt entre *C D*, oppoſe tant de réſiſtance à la preſſion du mercure, qu'elle ne diminue pas ſenſiblement de volume.

EXPLICATIONS.

Nous ferons voir en traitant de l'hydroſtatique, que la preſſion qu'exerce le mercure contre l'eau en *C*, eſt égale au poids de la colonne contenue dans la partie *A B* du tuyau. Or cette colonne de mercure qui a environ 6 pieds 10 pouces de hauteur, égale trois fois le poids de l'atmoſphére, ce qui fait une force très-grande; & puiſqu'elle ne ſuffit pas

Tome I.   L

pour condenser sensiblement le volume d'eau contre lequel elle agit, c'est une marque que les parties des liquides sont fort dures, & que les matiéres qui sont en cet état sont bien peu fléxibles.

Applications,

Quoique dans les expériences que nous venons de rapporter, l'eau ne laisse appercevoir aucun signe de condensation; on n'en doit pas conclure que les liqueurs soient absolument incompressibles, mais seulement qu'elles sont capables de résister aux efforts qu'on a employés jusqu'ici contre elles. Tout nous porte à croire qu'elles céderoient enfin d'une maniére sensible, s'il étoit possible de les soumettre à de plus grandes pressions, & qu'elles cédent même à celles qu'on emploie, mais d'une quantité trop petite pour être apperçûe. Tous les corps solides se compriment, parce qu'étant poreux leurs parties peuvent se rapprocher; mais qu'est-ce qu'une liqueur, sinon un assemblage de petits corps solides que nous ne pouvons pas regarder comme des tres simples, mais plutôt comme des petites masses composées de parties qui ne sont pas si étroitement unies qu'elles ne laissent de petits vuides entre elles. Si la porosité rend les grands corps susceptibles de condensation , la même cause ne doit-elle pas avoir le même effet dans les plus petits ? Tout ce qu'on peut dire , c'est que la compressibilité doit diminuer , comme la grandeur des corps ; c'est-à-dire , que les plus petits sont les moins fléxibles ; que les parties d'une liqueur par conséquent à cause de leur extrême petitesse sont à l'épreuve des plus grandes forces : mais il suit du même principe, qu'il n'y a d'absolument incompressible , que ce qui est absolument simple ; tels que seroient des atômes , ou les parties primordiales des corps , sur lesquelles nos épreuves n'ont point de prise.

Il est avantageux pour nous , que tout ce qui est liquide puisse résister à des pressions qui rapprochent & qui broyent les autres corps : tout ce que nous tirons des végétaux par expression , le vin, le cidre, les huiles, &c. ne se sépareroient jamais des parties folides qui les renferment, fi les liquides pouvoient fe comprimer comme elles ; les fruits foumis à la preffe ne feroient qu'y changer de volume ; la facilité que nous avons à extraire les fucs que la nature y a préparés pour nos ufages, eft prefque toute fondée fur la réfiftance que les liquides oppofent à la compreffion.

On ne peut s'empêcher d'être furpris, quand on confidére que le même corps eft compreffible ou ne l'eft pas, felon qu'un dégré plus ou moins de chaleur, change fon état : un morceau de glace donne des marques de compreffion ; qu'il fe reduife en eau, c'eft toujours la même matiére, mais elle ne fe comprime plus : la cire, le foufre, le métal, &c. font voir la même chofe, quand on les fait paffer de l'état de folidité à celui de liquidité. Ce phénoméne eft intéreffant, & mérite bien une explication ; malheureufement nous n'avons à offrir qu'une conjecture, mais pourtant, une conjecture appuyée fur des principes connus, & qui la rendent probable.

On peut dire que l'état naturel de

presque tous les corps, est d'être solides ; quand ils sont liquides, c'est
parce qu'une matiére étrangére les
rend tels en pénétrant leur intérieur,
& en donnant par sa quantité ou par
son action à leurs parties une mobilité respective qui rompt toute liaison, & presque toute adhérence entre elles. C'est ainsi que de la terre
abreuvée d'une quantité d'eau suffisante, devient de la boue qui coule
sur un plan incliné ; l'eau elle-même
cesse d'être glace aussi-tôt qu'un fluide plus subtile, & connu sous le nom
de *matiére du feu*, la pénétre en assez
grande quantité, & y porte assez de
mouvement pour détacher ses parties
les unes des autres.

Si l'on demande maintenant pourquoi les corps solides peuvent se comprimer, & que les liqueurs n'ont pas
la même propriété ; ne peut-on pas
répondre avec vraisemblance, que
dans les premiers les parties portent
pour ainsi dire à faux, ou ne sont
appuyées que sur un fluide sans action
qui céde au moindre choc ; au lieu
que dans les liqueurs les molécules
plus divisées, & par cette raison déja

moins fléxibles , font appuyées fur
un fluide affez abondant , & dont les
parties font d'autant plus dures qu'elles font plus fimples. Si l'on avoit mis
dans un vafe une certaine quantité de
globules d'acier ou de quelque autre
matiére équivalente par la dureté ,
elles ne céderoient point fenfiblement à la compreffion , foit qu'elles
fuffent feules, pourvû qu'elles fe tou-
chaffent ; foit qu'elles fuffent mêlées
avec d'autres plus petites qui les em-
pêchaffent de fe toucher , pourvû
que ces derniéres fuffent elles-mêmes
infléxibles. *Fig.* 8.

III. EXPERIENCE.

PREPARATION.

Sur une tablette de marbre noir
bien unie, & enduite d'une très - legére couche d'huile , on laiffe tomber plufieurs fois & en différens endroits de la hauteur de 2 ou 3 pieds
une petite boule d'yvoire , qui peut
avoir environ $\frac{3}{4}$ de pouces de diamétre. *Fig.* 7.

EFFETS.

En regardant obliquement la tablette de marbre, on apperçoit partout où la boule d'yvoire a touché, une tache ronde qui a environ deux lignes de diamétre ; & cette tache est plus grande aux endroits où la boule est tombée de plus haut.

EXPLICATIONS.

L'yvoire, quoique très-ferme, est une matiére compreſſible ; quand il tombe ſur le marbre, le mouvement de ſa péſanteur qui l'y pouſſe, occaſionne une preſſion qui porte une partie plus ou moins grande de cette petite ſphére vers ſon centre ; & comme ces parties comprimées ſont de nature à ſe rétablir dans un inſtant, il ne reſte aucune marque de cette compreſſion ſur la boule ; mais la tache qui paroît ſur le marbre, eſt une preuve inconteſtable de cet applatiſſement qui a diſparu ; ſi l'on n'aime mieux dire que le marbre s'eſt enfoncé, & remis auſſi-tôt, ce qui prouve également la compreſſibilité d'un corps très dur : l'un & l'autre arrive

L iiij

probablement, la même compreſſion creuſe le marbre, & applatit la boule; mais de ces deux effets, le dernier eſt ſans doute le plus conſidérable, à en juger par la nature des deux corps comprimés ; c'eſt pourquoi nous nous arrêtons par préférence au dernier ; & ce que nous allons dire pour faire entendre que la tache ronde prouve inconteſtablement l'applatiſſement de la boule, en faiſant abſtraction de la fléxibilité du marbre, obligeroit de même à conclure un enfoncement dans le marbre, ſi l'on n'avoit aucun égard à la compreſſibilité de l'yvoire.

On ſçait en effet que la circonférence d'un cercle appliquée par ſa partie convexe ſur une ligne droite, ne la touche qu'en un point. G. Fig. 9. On ſçait auſſi que les ſurfaces ſphériques ſont compoſées de lignes circulaires, comme les plans le ſont de lignes droites, & que les ſurfaces ſe comportent entre elles à cet égard, comme les lignes qui les compoſent. Si le cercle ne touche la ligne droite qu'en un point, la boule d'yvoire de notre expérience, poſée ſimplement sur la tablette de marbre, ne doit la toucher aussi qu'en un point. Quand on l'a laissé tomber dessus, s'il paroît qu'elle y ait été appliquée par une surface circulaire de deux lignes de diamétre, il faudra nécessairement convenir que le premier point de tangence, *g.* *Fig. 9.* a été rapproché du centre par l'effort de la compression, & qu'après lui ceux d'alentour ont souffert le même déplacement ; ce qui a donné lieu à une portion sensible de la surface, d'être appliquée au marbre, & d'y laisser son impression sur la couche légére d'huile dont il est enduit.

Applications.

Si l'on comprime un corps également dans toute l'étendue de sa surface, au cas qu'il soit compressible, il ne s'en peut suivre qu'une diminution de volume ; parce que tous les points opposés obéissent à des puissances égales, & leurs situations respectives restent les mêmes. Tel est l'état des animaux qui vivent dans l'air ou dans l'eau ; environnés de toutes parts de l'un de ces deux fluides, ils n'en remarquent point la pression, quoiqu'el-

le soit considérable ; parce qu'elle se
fait équilibre à elle-même, & qu'elle ne
déplace rien de ce qui lui est soumis ;
mais si la compression devient plus
forte d'un côté que de l'autre, son effet ne se borne plus à diminuer le volume ; la figure change aussi, comme
il est aisé de l'appercevoir dans une
balle de plomb qui tombe sur quelque
chose de dur, & qui y perd une partie de sa sphéricité ; ou dans une balle de jeu de paume qui laisse souvent
contre la muraille, des vestiges bien
remarquables de son applatissement.

De l'Elasticité ou ressort des Corps.

DE tous les corps qui se compriment, les uns demeurent dans l'état
que la compression leur a fait prendre ;
c'est-à-dire, qu'ayant changé ou de
grandeur, ou de figure, ils persévé-
rent dans ce changement, lorsque la
compression vient à cesser ; comme
la balle de plomb qui reste applatie
après sa chûte, & la pelotte de neige
qui demeure dans la forme qu'on lui
a donnée avec les deux mains. Les
autres au contraire se rétablissent, &

reprennent, après avoir été comprimés, les mêmes dimenfions & la même figure qu'ils avoient avant que de l'être. Telle eft la bille d'yvoire de l'expérience précédente ; telle eft une bulle d'air, qui partant du fond d'un vafe plein d'eau devient plus groffe à mefure qu'elle s'éléve vers la furface.

Les corps de la derniére efpéce fe nomment des corps à *reffort*, ou *Elaftiques*; car l'*Elafticité* n'eft autre chofe que l'effort par lequel certains corps comprimés tendent à fe rétablir dans leur premier état. Cette propriété fuppofe donc qu'ils foient compreffibles ; & comme les liqueurs ne le font pas d'une maniere fenfible, on doit conclure que fi elles ont du reffort, leur réaction a trop peu d'étendue pour être vifible.

Tous les corps même qui font élaftiques, ne le font pas au même degré ; il y en a tels qui ne fe rétabliffent prefque point, & alors l'élafticité eft regardée comme nulle dans l'ufage ; & l'on appelle ces fortes de corps *mols*, ce qui veut dire feulement une privation de reffort affez actif pour être confidérée.

Ceux en qui la force élastique
se fait appercevoir, réagissent plus
ou moins selon la dureté, la roideur, ou la disposition de leurs parties internes ; mais il n'en est aucun
dont on puisse assûrer avec des preuves positives, que le ressort est parfait
& inaltérable ; on remarque presque
toujours que cette qualité se perd ou
s'affoiblit par un long exercice, ou
par une compression de trop longue
durée : un arc qui est trop long-tems
ou trop souvent tendu, garde enfin
la courbure qu'on lui a fait prendre:
le crin, la laine, ou la plume dont
on garnit les meubles, perdent par
succession de tems presque tout ce
qu'ils offrent de commode dans la
nouveauté, & leur affaissement n'est
que la suite nécessaire d'un ressort usé.

Nous ne pouvons donc point nous
promettre des expériences rigoureusement exactes pour établir la théorie
du ressort ; puisque les corps qui en
ont le plus, n'en ont point encore
autant qu'il leur en faudroit pour être
parfaitement élastiques. De plus on
ne peut opérer que dans quelque milieu matériel: quand on choisiroit l'air

comme celui qui l'est le moins ; nous avons déja fait voir qu'il est capable de résistance , & l'on doit s'attendre qu'il fera disparoître une partie de l'effet , si petite qu'elle soit : mais les à-peu-près suffisent , quand il ne manque presque rien à l'exactitude , & qu'on est obligé de rabatre quelque chose pour les empêchemens inévitables. L'acier trempé & l'yvoire m'ont paru assez propres aux effets par lesquels on peut prouver ce qu'il importe le plus de sçavoir touchant l'élasticité ; c'est pourquoi je m'en servirai préférablement à toute autre matiere dans les expériences de ce genre ; maiscomme celles dont j'ai fait choix, exigent quelques connoissances des principales propriétés du mouvement dont nous n'avons encore rien dit , j'ai cru qu'il étoit à propos de les différer, d'autant plus qu'elles trouveront une place convenable parmi celles que nous employerons pour faire connoître les loix du mouvement dans le choc des corps.

Les arts ont appliqué les ressorts à tant d'usages, que ce seroit une longue & inutile entreprise d'en faire ici

l'énumération ; il nous suffira d'en citer deux ou trois exemples , par lefquels on pourra juger de l'utilité des
autres.

S'il eft utile & commode de voya-
ger à fon aife , on doit prefque tout
cet avantage aux lames d'acier , aux
bandes de cuir & aux autres corps élaftiques fur lefquels on fufpend les voitures : fans cette précaution , la plus
belle chaife de pofte , le caroffe le
plus fomptueux, ne feroit qu'un tom-
bereau couvert & orné , dans lequel
on feroit durement fecoué ; car fi tout
ce qui compofe la voiture étoit également infléxible , les divers mouvemens caufés & brufquement inter-
rompus par les inégalités du terrain ,
fe communiqueroient dans toute leur
force jufques aux perfonnes qui en oc-
cuperoient l'intérieur.

La mefure du tems eft une chofe fi
intéreffante pour tout le monde, qu'il
eft peu de perfonnes qui n'ayent une
pendule ou une montre , & qui ne la
regardent comme un meuble néceffaire;
faire;ces fortes d'inftrumens qu'on doit
confidérer comme des chefs d'œuvres
de l'art , font animés par un reffort ;

(*Fig.* 10.) formé d'une lame d'acier roulée fur elle-même dans un barillet qu'elle fait tourner en fe dévelopant, & dont le mouvement fe communique par des roues dentées jufques aux pivots qui portent les aiguilles pour leur faire indiquer les heures & les minutes fur un cadran divifé à cette intention. Nous dirons ailleurs comment on eft parvenu à rendre l'action du reffort prefqu'égale pendant tout le tems qu'il fe dévelope ; car une difficulté qui fe préfente d'abord, c'eft que cette action diminuant toujours à proportion que le reffort fe détend, le mouvement doit auffi fe rallentir dans toutes les piéces qu'il anime, & les aiguilles doivent faire les heures & les minutes plus longues vers la fin qu'au commencement. Il a donc fallu trouver un reméde à cet inconvénient, & l'on en eft venu à bout par une invention fort ingénieufe dont nous aurons occafion de parler en traitant de la théorie du lévier & des machines qui y ont rapport.

De quels fecours ne font point les refforts dans l'Arquebuferie ? par quel autre moyen auroit-on pu opérer des mouvemens auſſi prompts, & auſſi difficiles à être apperçûs par un oiſeau ou par un quadrupede que la nature a mis en garde contre tout ce qui menace ſa vie, & qui oppoſe aux ruſes & à l'adreſſe du Chaſſeur le mieux exercé des organes d'un ſentiment exquis, & une agilité qui trompe ſouvent ſes pourſuites. Le chien d'un fuſil conduit par un reſſort porte en un clin d'œil un caillou tranchant contre une petite piéce d'acier trempé ; le feu prend à la poudre, & le plomb qu'elle chaſſe, frappe l'animal avant qu'il ait été averti par la flamme ou par le bruit, ou du moins avant qu'il ait pu profiter de cet avis.

Non-ſeulement les arts ont profité de l'élaſticité des corps, & en ont fait des applications heureuſes ; ils ont encore trouvé des moyens pour la faire naître ou pour l'augmenter dans ceux qui n'en ont que peu ou point.

Tous les corps ſonores, comme nous le dirons plus amplement à la ſuite des expériences ſur l'air, doivent être à reſſort ; c'eſt pour cette raiſon qu'on fait les cloches & les timbres

bres avec du cuivre & de l'étain fon-
dus enfemble ; parce qu'on a remarqué qu'un métal mêlé eft plus dur ,
plus roide , & plus élaftique , que les
métaux fimples dont il eft compofé.

La plûpart des métaux même fans
être alliés , deviennent capables d'une
plus grande réaction quand on les bat
à froid ; ce que les ouvriers appellent
écrouir. On s'en apperçoit bien par la
vaiffelle : quand une cuilliére ou une
fourchette a été feulement fondue
& limée , & qu'elle ne doit rien au
marteau; la façon en eft moins chere,
mais elle eft moins durable ; la piéce
fe fauffe au moindre effort , & fon
poli n'eft jamais fi beau. Un ouvrier
intelligent en horlogerie , en inftrumens de mathématiques , en orfé-
vrerie , &c. ne manque jamais à
écrouir fes ouvrages , non-feulement
pour leur procurer plus de folidité ,
mais encore pour les faire valoir par
un poli plus brillant , en rapprochant
les parties , & en rendant les pores
du métal plus ferrés.

Mais de tous les corps dont on augmente artificiellement le reffort , il

n'en eſt point de plus remarquable
que le fer converti en acier ; & parmi les différens procédés qu'on emploie à cet effet ſur ce métal , rien
n'eſt comparable à la *trempe*.

Il faut ſçavoir 1º. que l'acier n'eſt
point un métal particulier ; on doit le
regarder comme un fer préparé ,
quoiqu'il ſe trouve des mines qui en
fourniſſent immédiatement : le plus
ordinaire & le plus fin, eſt celui qu'on
fait avec du fer forgé , en y introdui-
ſant une certaine doſe de parties
ſalines & ſulfureuſes qui augmentent
ſa dureté , & qui le rendent propre à
être trempé. 2°. Tremper l'acier ,
c'eſt le refroidir ſubitement dans le
moment qu'on le ſort bien rouge du
feu ; & cela ſe fait d'ordinaire en le
plongeant dans de l'eau froide, ou
dans quelque choſe d'équivalent.

Les principaux effets de la trempe
ſur l'acier, ceux dont les arts tirent le
plus d'avantage , ſont de le rendre
très-dur, d'augmenter ſon élaſticité,
& de la rendre durable. Tous les outils tranchans, juſqu'à ceux qu'on emploie pour cultiver la terre , en un
mot depuis la lancette juſqu'à la bê-

che , tous font redevables de leur principal mérite à cette dureté qui coute si peu , & qui feroit défavanta-geufe par excès , fi l'on n'avoit foin de la modérer par un dégré de cha-leur qu'on fait fuccéder à la trempe , & qu'on nomme *recuit*.

Les effets admirables de la trempe fur l'acier , ont intéreffé avec raifon la curiofité des plus habiles Phyfi-ciens ; tous ont défiré d'en fçavoir les caufes , & quelques-uns en ont hazardé des explications ; mais on doit convenir que perfonne n'en a donné d'auffi vrai-femblables , & d'auffi - bien appuyées , que M. de Reaumur. Après une fuite d'expé-riences de plufieurs années fur cette matiére , il fuppofe que l'action du feu chaffe de l'intérieur des molécu-les de l'acier une grande partie des fels & des foufres qui s'y trouvent diffeminés , fans pour cela les fai-re fortir de la maffe totale : fuppo-fition fondée fur les effets ordinaires & connus du feu , & fur l'expérien-ce ; car on fçait d'ailleurs que dans la fufion des matiéres hétérogénes & fixes , le feu procure toujours l'union des parties semblables; & quand son action augmente jusqu'à un certain point sur l'acier, elle le dépouille de ses soufres & de ses sels, ce que les ouvriers appellent *brûler*. La trempe saisit donc l'acier dans un tems où ses principes, quoique les mêmes, se trouvent différemment mêlés; avant que de le chauffer, les parties salines, sulfureuses, métalliques, &c. extrêmement divisées & intimement mêlées, composoient un tout d'une tissure plus uniforme, mais cependant plus hétérogéne dans ses molécules, puisque chacune participoit également des trois ou quatre sortes de matiéres qui entrent dans la composition de l'acier; mais après un dégré de feu suffisant, les sels & les soufres extraits & pelotonnés, pour ainsi dire, à part du métallique, font un tout plus homogéne dans ses molécules, mais plus poreux & moins lié, quant à l'assemblage de ces petits pelottons de différentes espéces. Cette hypothése (si c'en est une) explique fort heureusement tous les phénoménes qui résultent de la trempe.

1°. L'acier cassé paroît d'un grain

plus groffier après avoir été trempé, parce que les parties métalliques qui font les plus apparentes par leur couleur, font ramaffées en petites maffes plus écartées les unes des autres.

2°. La trempe donne plus de volume à l'acier qu'il n'en avoit avant ; & cela doit être , puifqu'elle le fixe dans un état où le mélange & l'union de fes principes eft moindre.

3°. L'acier durcit à la trempe , parce que fes molécules fe forment de parties plus femblables , & par cette raifon plus capables de s'unir.

4°. L'acier trempé fe caffe plutôt que celui qui ne l'eft pas , ou qui l'eft moins ; c'eft que la liaifon de fes molécules entre elles eft moindre , puifqu'elles font de matiéres diffemblables , & qu'elles fe touchent par moins de furface.

5°. Enfin le recuit rend l'acier trempé moins caffant & plus fléxible ; parce qu'un dégré de feu modéré, fait renaître en partie le mélange intime des parties diffemblables , & qu'il lui fait prendre un état moyen entre celui d'un acier non-trempé , & celui d'une trempe exceffive.

Quoique nous ayons des procédés certains pour augmenter, diminuer, anéantir même le reſſort de pluſieurs corps, nous n'en connoiſſons pas mieux la cauſe de l'élaſticité en général : tout ce qu'on a imaginé juſqu'à préſent pour en rendre raiſon, ne peut paſſer tout au plus que pour des conjectures dont les unes ſont viſiblement démenties par l'expérience, les autres ſuppoſent ce qui eſt en queſtion, d'autres enfin plus ingénieuſes que probables, n'ont aucuns faits qui parlent pour elles.

Dire qu'un reſſort que l'on tend en le courbant, a les pores plus ouverts en ſa partie convéxe, cela eſt vrai ; que les pores quoique plus ouverts, ne le ſont point aſſez pour ſe remplir d'air groſſier, & qu'ils en reſtent vuides, cela paroît encore vraiſemblable : mais ajouter, qu'en conſéquence de ces petits vuides la preſſion de l'air qui agit par le côté oppoſé, eſt la cauſe de l'effort qu'on voit faire au corps élaſtique, pour ſe remettre dans ſon premier état ; c'eſt ce que la raiſon ne dit point, & ce que l'expérience dément formellement ;

car l'élasticité dans un lieu privé d'air grossier, fait ses fonctions comme ailleurs.

J'appelle supposer ce qui est en question, que d'attribuer le ressort des corps à l'air qu'ils contiennent entre leurs parties, comme autant de petits ballons qui se trouvent comprimés dans la partie concave d'un bâton que l'on courbe, & qui réagissent jusqu'à ce qu'il soit redressé ; car il restera toujours à sçavoir quelle est la cause du ressort de l'air.

Enfin si l'on suppose avec le changement de figure qui se fait dans les pores d'un ressort tendu, l'action d'un fluide qui se trouve par-tout, comme la matière subtile, ou quelque chose de semblable qui agisse par son poids; on pourra former une explication qui aura quelque vraisemblance : mais je doute fort qu'elle soit bien reçue, si elle n'est appuyée sur des faits ; & je ne vois pas qu'il soit facile d'en trouver qui parlent clairement.

Ce que nous avons dit dans la leçon précédente & dans celle-ci, touchant la divisibilité des corps, la subtilité de leurs parties, la variété de

leurs figures, leur impénétrabilité &
leur porosité, nous engage & nous
met à portée d'expliquer en général
de quelle maniére nous acquerons la
connoiffance des objets qui nous environnent : car tout ce qui eft hors de
nous-mêmes nous feroit inconnu, s'il
ne faifoit fur nous quelque impreffion fenfible ; & cette impreffion qui
prend tant de formes différentes, nous
la devons prefque entiérement à la
petiteffe extrême des parties qui nous
touchent , & aux différentes figures
qu'elles affectent : tout ce qui eft matériel s'adreffe à nos fens, & nous jugeons d'après leur rapport.

Digreffion fur les Sens.

ON appelle *Sens* certaines facultés
du corps animé , par lefquelles il entre en commerce avec les objets extérieurs : ce font autant de moyens
que le Créateur a établis pour mettre
les animaux en état de fe nourrir, de
fe défendre , de s'entraider , & de fe
reproduire ; car fans les fens , à peine différeroient-ils d'une plante qui
végéte dans la même place où la nature

ture l'a fait naître, qui féche fur pied quand la nourriture ne lui vient plus, & qui fouffre avec une égale infenfibilité la béche qui la cultive, & le fer qui la fait périr.

L'exercice des fens eft une fonction purement animale ; elle convient aux bêtes comme à l'homme : il femble même qu'à cet égard, plufieurs efpéces d'entre elles aient été mieux traitées que nous ; quelle fineffe dans l'odorat des chiens ! quelle portée de vûe dans les oifeaux de proye !

On diftingue communément cinq fortes de fens ; le *toucher*, l'*odorat*, le *goût*, l'*ouie*, & la *vûe*. Il eft peu d'animaux en qui l'on n'en compte autant : il y a peut-être dans la nature des efpéces qui ont quelque autre fens que nous ne connoiffons pas ; mais il en eft de ceci comme de toutes les chofes qui ne font point impoffibles, on ne doit pas les admettre fans néceffité & fans preuves. Chaque fens a fon fiége particulier dans quelque partie du corps, qui à cet égard, fe nomme fon *organe* ; l'oreille, eft celui de l'ouie ; l'œil, eft celui de la vûe.

Tome I.   N

Quoique tout organe soit sensible, il ne l'est pourtant pas pour toutes sortes d'objets, chacun a son dis-
trict particulier; l'oreille se dirigeroit
envain vers la lumiére, & la vûe la
plus perçante n'apperçoit pas le son
des cloches. Quand bien même l'objet seroit de la compétence de l'organe qu'il affecte, la sensation naturelle n'a lieu qu'autant que l'impression
n'est ni trop forte ni trop foible. On
ne distingueroit point l'image du soleil, si l'on recevoit immédiatement
ses rayons dans les yeux; & peu de
personnes pourroient lire une écriture de petit caractére à la clarté des
étoiles.

Qu'est-ce donc que *sentir* ou faire
usage de ses sens? de la part du corps
animé, c'est recevoir sur tel ou tel
organe l'impression modérée d'un objet qui le touche ou par lui-même,
ou par quelque matiére intermédiai-
re: de la part de l'ame qui anime le
corps, c'est se retracer les idées qu'elle a attachées à ces impressions, ou
s'en former de nouvelles si les impressions sont neuves. Un homme, par
exemple, jette la vûe en plein jour

sur un chien ; la lumiére qui éclaire
le corps de cet animal rejaillit jufqu'au Spectateur , & frappe dans le
fond de fon œil une place terminée
comme la figure de l'animal qui la réfléchit ; à cette occafion l'ame fe rappelle l'idée d'un chien qui lui eft fa-
miliére , & fi la mémoire lui fournit
l'idée de quelqu'autre chien, elle juge
que celui-ci eft grand, petit, maigre ,
gras, &c. par la comparaifon qu'elle en
fait. De fçavoir maintenant comment
l'organe affecté par l'objet détermine
l'efprit à penfer en conféquence , c'eft
ce que la Phyfique n'apprend point ,
& c'eft , je crois, ce qui furpaffe la
portée de nos foibles lumiéres ; l'u-
nion de l'ame avec le corps., le commerce de ces deux êtres de natures
fi différentes , eft un de ces myftéres
qu'il eft peut-être plus fage d'admirer
que d'étudier.

Mais comme un homme voit un
chien, un chien voit un homme ; &
fes actions, comme les nôtres , femblent fe régler fur ce qu'il voit , fur
ce qu'il entend , &c. Que fe paffe-t-il
donc dans cet animal, lorfqu'un objet affecte quelqu'un de fes fens ?

N ij

c'eſt encore une de ces queſtions
épineuſes, où la curioſité échoue,
& ſur leſquelles les génies les plus
heureux ont épuiſé toute leur Phi-
loſophie. Selon la doctrine de Deſ-
cartes, une bête n'eſt autre choſe
qu'une belle machine dont toutes les
piéces ſont ſi bien aſſorties, & ordon-
nées avec une correſpondance ſi parfaite, qu'une d'entre elles étant re-
muée par l'objet extérieur qui a priſe
ſur elle, détermine immédiatement
les autres à ſe mouvoir, de telle ou
telle maniére ; les nerfs de chaque
organe ayant été touchés comme il
convient, tranſmettent aux membres
les différens mouvemens d'où réſulte
telle ou telle action, Cette penſée eſt
grande, elle eſt hardie, elle eſt même ſéduiſante quand on la médite
ſans préjugé ; mais c'eſt l'affoiblir que
de fonder ſa vraiſemblance ſur des
exemples ou ſur des ſimilitudes. Celui de tous les êtres animés qui nous
paroît le plus imbécile, une huître,
un limaçon eſt ſans comparaiſon au-
deſſus de la montre la plus parfaite,
& de tout ce que l'art a pu produire
de plus ingénieux. Le commun des

hommes ne confentira jamais à regarder les actions d'un cheval, d'un
chien de chaffe, &c. comme les effets d'un méchanifme purement matériel ; pour goûter cette Philofo-
phie, il faut être un peu Philofophe.

On aimera mieux croire fans doute, que le corps d'une bête eft animé & conduit par un être intelligent
qui commence & périt avec lui, &
qui eft le principe de toutes ces penfées, & de tous ces jugemens dont
on croit voir des fignes dans les di-
verfes actions des animaux. Ce fentiment qui n'eft contraire ni à la raifon,
ni aux dogmes de la foi, a trouvé &
trouve encore aujourd'hui des défenfeurs, non-feulement dans le vulgaire qui juge fur les apparences,
mais même parmi ceux qui méditent,
& qui n'admettent les opinions qu'a-
près les avoir difcutées.

Mais il ne faut pas croire qu'en prenant ce parti on fe mette au-deffus
de toute difficulté. Quand on confidére la docilité d'un animal domef-
tique, les rufes & l'adreffe de certaines bêtes voraces, le bon ordre &
l'induftrie qui regnent dans quelques

N iij

efpéces d'infectes qui vivent & travaillent en fociété, il eft bien commode d'en rendre raifon, en difant, *c'eft que tous ces animaux font intelligens ; l'Auteur de la nature les a rendus tels en renfermant dans leurs corps une ame d'une efpéce convenable à leur condition.* Mais cette ame, fi elle eft immatérielle comme on le prétend, que devient - elle, lorfqu'un ver ayant été coupé en cinq ou fix parties, & même davantage, chaque morceau continue de vivre & redevient un animal complet, & tout-à-fait femblable à celui qu'on a divifé ? comme on l'a obfervé depuis peu : * y avoit-il donc pluſieurs ames dans le même individu, ou bien ce qui n'eft point matiére eft-il divifible? Ne pouffons pas plus loin cette queftion dans un ouvrage où nous nous fommes interdit toute difcuffion métaphyfique ; attachons - nous feulement à ce qui peut être éclairci & prouvé par l'expérience & par les obfervations. Quant à la matiére préfente, bornons-nous à faire connoître le méchanifme de nos fenfations; conduifons l'objet extérieur ou fon

* *Hift. des Infectes de M. de Reaumur, tom 6. dans la préface. p. 54.*

action jusqu'à la partie du corps destinée à recevoir son impression ; & voyons quelles sont les conditions nécessaires dans l'objet pour être activement sensible , & dans l'organe pour être affecté efficacement.

Le Toucher.

LE premier & le plus général de tous les sens, c'est le *toucher* ; on peut dire que tous les autres ne sont que des espéces dont il est le genre. Quand nous entendons le son de la voix ou de quelque instrument, cette sensation n'est autre chose qu'un ébranlement causé à une certaine partie de l'oreille par le contact de l'air , qui est lui-même agité par le corps sonore. Quand nous voyons quelque objet , c'est que la lumiére qui vient de lui à nous, frappe le fond de l'œil. Ainsi , *goûter* , *voir* , *entendre* , *sentir les odeurs* ; c'est à proprement parler, être touché en telle ou telle partie du corps par une certaine matiére : au lieu que le toucher que nous regardons comme le premier sens consiste à recevoir sur telle partie sensible du corps que ce puisse être, l'impreſſion d'une matiére quelconque ; les autres ſens ont des organes & des objets qui leur ſont propres, celui-ci occupe toute l'habitude du corps animé, & s'étend à tout ce qui eſt palpable. Il a encore cet avantage ſur eux, d'être en même-tems actif & paſſif ; non-ſeulement il nous met en état de juger de ce qui fait impreſſion ſur nous ; mais encore de ce qui réſiſte à nos impulſions: nous pouvons appliquer l'organe à l'objet, & c'eſt par le tact que nous nous aſſurons le plus ſouvent de l'état des corps qu'il nous importe de connoître.

Les corps que nous touchons ou qui nous touchent, font ſur nous des impreſſions différentes, ſelon leur grandeur, leur figure, leur conſiſtance, le dégré ou l'eſpéce de leur mouvement, leur température, &c. & l'on a donné à toutes ces différentes maniéres de toucher, des noms qui expriment ou l'action des corps ſur nous, ou notre action ſur eux: *heurter, piquer, pincer, grater, chatouiller,* ſont autant d'expreſſions qui déſignent ce que différens corps nous font ſentir en conséquence de leur maffe, de leur forme, ou de leur maniére de fe mouvoir : *froid, chaud, dur, mol, fec, mouillé*, dénotent d'ordinaire le fentiment qu'excite en nous une matiére que nous tâtons, par l'état actuel des parties qui compofent fa maffe. Comme les fenfations du toucher peuvent varier à l'infini, par la variété même de l'objet, par l'étendue & la difpofition de l'organe, & par les différentes maniéres dont l'un eft applicable à l'autre ; il s'en faut bien qu'elles foient toutes caracterifées par des noms propres : ceux que nous venons de rapporter & plufieurs autres que nous obmettons, ne font, pour ainfi dire, que des termes génériques par lefquels on fait connoître à l'aide de quelque circonlocution les différentes efpéces qui peuvent s'y rapporter ; on défigne, par exemple, par *chatouillement*, ce que l'on fent dans la gorge lorfqu'une légére acreté excite la toux ; on dit qu'un reméde *pince*, pour faire entendre qu'il laiffe des impreffions fur les parties qu'il affecte.

Quoique l'objet du toucher foit

pour l'ordinaire hors de nous-mêmes, les différentes parties du même
corps ne laissent pas que d'agir réciproquement les unes sur les autres,
tant au dehors qu'au dedans. Quand
la main touche le pied, elle fait
naître deux sensations ; elle est en
même-tems l'objet de l'une, & l'organe de l'autre. Pour ce qui se passe à
l'intérieur & sans interruption, l'habitude nous en dérobe le sentiment ;
l'action des fluides sur les solides, par
exemple, ne devient sensible que
quand elle apporte quelque changement à l'état naturel ; & alors nous
éprouvons ce qu'on nomme *langueur*,
foiblesse, ou *douleur*.

On peut dire en général que les
nerfs sont dans chaque organe, la
partie la plus essentielle, celle où
l'action de l'objet se termine, & après
laquelle nous n'appercevons plus
rien de méchanique : le fond de l'œil
où s'accomplit la vision, n'est qu'une
expansion du nerf optique ; la lame
spirale du *limaçon* qu'on regarde
comme la piéce qui a le plus de part
aux fonctions de l'oreille, est un composé de fibres nerveuses ; & l'organe

du toucher se trouve dans toute l'é-
tendue de la peau , & sur-tout à la
surface extérieure où l'on sçait qu'a-
boutissent tous les petits nerfs qui
forment la plus grande partie de ce
tissu. Ce sont ces petits mammelons
dont l'arrangement forme des sillons
vers l'extrémité des doigts , où le
tact est ordinairement plus fin qu'ailleurs. Un habile Anatomiste * a don- *M. l: Cat,
né depuis peu une description très- *Traité des
concise & très-intelligible de la peau, *Sens.p.207,
dans un ouvrage écrit *ex professo* sur
les sens , & dont je crois la lecture
très-utile à ceux qui voudront sur la
matiére présente des instructions plus
détaillées que celles qui peuvent être
placées ici.

Ce qui prouve incontestablement
que les nerfs ont plus de part au toucher qu'aucune autre partie , c'est que
ce sens exerce ses fonctions plus ou
moins parfaitement selon l'état actuel
de ces petites houpes nerveuses qu'on
apperçoit à la superficie de la peau,
& qui ne sont couvertes que par l'é-
pidermé : * qu'une brûlure les désse- *Fig. IX.
che , qu'une matiére étrangére les
couvre, qu'un trop - grand froid les

contracte, ou les empêche de s'épanouir ; la partie où ils font, perd le fentiment, & ne le reprend que quand ces accidens ceffent. Les maladies des nerfs qui ne vont pas jufqu'à détruire leur œconomie , font auffi les plus aiguës , parce qu'elles attaquent immédiatement l'organe des fenfations; l'engourdiffement & la paralyfie qui fufpendent ou qui arrêtent leurs fonctions , caufent pour l'ordinaire l'infenfibilité.

Des accidens , des maladies , la vieilleffe nous privent fouvent des autres fens. On voit affez fréquemment des aveugles , des fourds , des gens même en qui le goût & l'odorat font prefqu'entiérement ufés : mais il eft fort rare de trouver un homme univerfellement infenfible ; on en apperçoit bien-tôt la raifon , dès que l'on confidére par combien d'endroits nous pouvons fentir les objets extérieurs comme réfiftans, en comparaifon des parties organiques qui nous les repréfentent comme fonores, colorés, favoureux, ou odorans. L'étendue du toucher eft donc une reffource que la nature a ménagée à ceux qui par quelque accident ou par vice de conformation , fe trouve-roient privés des autres facultés. Auf-fi voyons-nous des aveugles fuppléer par le tact à l'ufage des yeux ; & quoi-que le toucher ne foit pas à beaucoup près auffi délicat que les autres fens , lorfqu'il eft employé par néceffité , & perfectionné par l'habitude , il fait prefque des prodiges. Je ne voudrois pourtant pas garantir tous ceux que l'on raconte à cette occafion , car tout ce qui tient du merveilleux , ne ya guéres fans exagération.

Le Goût.

COMME l'accroiffement & l'entre-tien des animaux dépend de la nour-riture qu'ils prennent , & du choix qu'ils en font , il étoit à propos que la nature les conformât de maniére à défirer d'eux-mêmes les alimens né-ceffaires , & à diftinguer ceux qui leur conviennent : il falloit qu'ils fentif-fent le befoin de manger , & qu'ils euffent du plaifir à le fatisfaire ; car fans cette précaution le foin de vivre eût été à charge. Jugeons - en par nous - mêmes : s'il n'étoit queftion que de remplir un devoir lorſqu'on ſe met à table, il faut convenir que les indigeſtions ne ſeroient pas communes, & qu'on verroit peut-être bien des gens périr d'inanition. L'Auteur de la nature a prévu ce déſordre, & pour le prévenir, il a mis en nous-mêmes, des motifs plus puiſſans que notre pareſſe. L'eſtomac à jeun nous ſollicite par la faim & par la ſoif; & la bouche qui fournit à ces deux appétits ſe dédommage par les ſaveurs qu'elle goûte, de la peine qu'elle prend de préparer les alimens pour la digeſtion.

Le goût conſiſte donc à ſentir l'impreſſion des matiéres ſavoureuſes, à les admettre ou à les rejetter, ſuivant les idées qu'elles font naître, & les jugemens qui s'enſuivent.

Les ſaveurs, objet du goût en général, viennent principalement des parties ſalines qui ſe trouvent dans toutes les matiéres tant animales que végétales, que l'on prend ou comme alimens, ou comme remédes. Ces petits corps anguleux & tranchans, ſont plus propres que d'autres à pénétrer juſqu'à l'organe immédiat,

& à s'y faire fentir. On peut en juger en mettant fur la langue quelque
grain de fel pur, de quelque nature qu'il foit, il y fait une impreffion
très - forte ; & l'analife fait voir que
de tous les mixtes ceux qui affectent
le plus l'organe, font les plus abon-
dans en fels.

On ne connoît qu'un très - petit
nombre de fels qui différent effen-
tiellement, ou dont les parties divifées par l'eau, fe montrent fous des
figures conftamment différentes. De-
là il fuit que les fenfations du goût
feroient peu variées, fi les particules falines que les alimens contiennent agiffoient feules, & fans mélange fur l'organe : mais la nature les a
mêlées avec d'autres principes qui
ne font point favoureux par eux-
mêmes, qui n'agiffent que comme
objets du toucher en général, &
dont le nombre & les dofes fe combinent à l'infini. L'eau, la terre, l'air,
le foufre, l'huile, font autant de matiéres infipides, que la nature a fait
entrer dans prefque tout ce qui fert
de nourriture aux animaux. La bouche en broyant ces alimens, fournit

une lymphe qui facilite la défunion des parties , & qui développe les principes; mais ce diffolvant n'a point autant de prife fur les uns que fur les autres : le foufre & l'huile, par exemple , ne cédent point à fon action, comme la terre & l'eau ; ainfi la partie faline ne fe dégage jamais qu'imparfaitement , & à proportion de la diffolubilité de ce qui lui eft étroitement uni.

Les faveurs les plus fimples , & fur lefquelles on eft le plus généralement d'accord , font celles où les fels font le moins mitigés par le mélange d'autres matiéres. Tout le monde connoît ce que c'eft que *falé* , *aigre* , *doux* , *amer* , *âcre* , &c. Ces différentes fenfations font fi marquées , qu'on les diftingue d'abord ; elles font comme la bafe de toutes les autres qui deviennent d'autant plus difficiles à décider & à exprimer, qu'elles s'éloignent davantage de cette premiére fimplicité. L'amer du caffé, par exemple , corrigé par la douceur du fucre, produit une fenfation mixte; le fuc des fruits mêlé à l'efprit de vin, prend un nouveau goût ; celui des viandes change

change presque entiérement , & se déguise de mille façons différentes , comme on le sçait par un nombre infini de préparations & de mélanges dont la délicatesse a fait un art important & très - cultivé dans notre siécle.

Il en est de l'objet du goût , comme de celui du toucher : les saveurs mixtes dépendant de certains principes dont l'assemblage est susceptible d'une infinité de combinaisons , il est impossible de les désigner toutes par des noms particuliers ; on les exprime en les comparant à quelque saveur plus simple , ou plus connue : on dit , *tel fruit est un peu âcre & amer ; tel poisson a le goût du brochet* , &c.

Quant à l'organe du goût , tous les Anatomistes conviennent qu'il est principalement dans la langue ; un grand nombre d'entre eux croient qu'il est dans tout l'intérieur de la bouche , & plusieurs l'étendent jusqu'à l'ésophage , & même jusqu'à l'estomach. Il n'est guére possible de le borner à la langue seule ; chacun peut reconnoître par sa propre expé-

Tome I.   O

rience, que les matiéres savoureuses se
font sentir, quoique plus foiblement, au
palais & au fond de la bouche; mais ce
qui décide la question, c'est qu'on a
vû des gens qui n'avoient point de langue, & qui goûtoient les alimens. *

* Mém. de
l'Acad.
1718. p. 6.

C'est encore ici l'extrémité des fibres nerveuses, ces mammelons dont
nous avons parlé précédemment, qui
font l'organe immédiat : mais au lieu
que pour la sensation du toucher, ils
font petits & recouverts par une sur-
peau assez unie, & d'un tissu un peu
serré ; dans toutes les parties de la
bouche où on les observe, & sur-

* Fig 12. tout dans la langue, * ils sont plus
gros, moins compacts, & comme
enchassés dans une envelope ou gai-
ne fort poreuse, abbreuvés d'ailleurs
d'une lymphe qui entretient leur sou-
plesse, & qui met la partie savoureu-
se des alimens en état de les toucher
comme il convient pour se faire sentir : car elle la divise, elle la développe de maniére qu'elle lui donne
le dégré de ténuité nécessaire pour
s'insinuer par cette peau très-poreuse
qui couvre les petites houpes nerveuses sur lesquelles l'impression doit
se faire.

L'organe du goût se gâte & s'use comme les autres par un usage immodéré de son objet : les saveurs fortes, comme les liqueurs spiritueuses, & ces ragoûts étudiés si fort à la mode aujourd'hui, diminuent beaucoup la sensibilité des parties qui en souffrent fréquemment l'impression ; l'expérience fait voir que des gens du peuple qui s'accoutument à boire de l'eau de vie, trouvent le vin insipide, & ne s'en soucient plus. On sçait au-contraire que les buveurs d'eau ont pour l'ordinaire le goût plus délicat & plus fin que d'autres. Cette boisson qui n'a presque point de saveur, conserve à l'organe toute sa sensibilité, parce qu'elle n'est point capable d'en altérer la texture. La maladie ou le grand âge peuvent aussi causer du désordre dans cette partie ; au commencement d'une convalescence, il arrive assez souvent qu'on ne trouve point de goût aux alimens, parce qu'il reste encore quelque humeur vicieuse qui engorge les pores par où doivent passer les particules savoureuses ; ou parce que les accidens qui ont précédé, ont caufé quelque altération à l'organe même, qui n'eft point encore revenu à fon état naturel. Mais infenfible-mént je paffe les bornes de mon deffein ; c'eft à la médecine & à l'anatomie, qu'il convient d'ajouter ce qui peut manquer ici ; peut-être en ai-je déja trop dit.

L'Odorat.

L'Odorat à qui nous donnons le troifiéme rang parmi les fens, quand on commence par ceux qui font en apparence les plus groffiers, pourroit être placé au fecond, fi l'on avoit égard à l'ordre que la nature obferve dans leur exercice ; car fes fonctions précédent fouvent celles du goût. Ce qu'on nous préfente pour boire ou pour manger n'eft guéres admis, s'il n'a été examiné d'abord, & approuvé par ce fens ; & les animaux qui n'ont le tact ni auffi familier, ni auffi fin que nous, décident par l'ufage du nez de la qualité des alimens, fur-tout quand ils font nouveaux pour eux, & qu'ils n'y voyent pas extérieurement de reffemblance avec ce qui leur eft déja connu. Il y a une si grande affinité entre le goût & l'odorat, tant par rapport à l'objet que par rapport à l'organe, que quelques Anatomistes ont regardé le dernier comme une partie, ou comme un supplément du premier : & en effet nous voyons que tout ce qui agrée à l'un, est naturellement ami de l'autre ; on est tenté de porter à la bouche les matiéres qui exhalent des odeurs agréables, à moins qu'on ne leur connoisse des qualités nuisibles ; & si par hazard quelque aliment usité déplaît à l'odorat, il faut que l'habitude ou quelques motifs puissans l'emporte sur la répugnance qu'il ne manque pas de faire naître, sans quoi l'on s'en interdit l'usage sur le seul témoignage du nez.

Comme l'intérieur du nez communique avec la bouche, il arrive souvent que les sensations du goût s'allient & se confondent, pour ainsi dire, avec celles de l'odorat : cet effet arrive quand les saveurs sont spiritueuses & volatiles, & de-là vient encore une variété prodigieuse de sensations différentes, selon que l'odorat y a plus ou moins de part. Quand il y

participe un peu trop , comme son
organe est plus sensible que celui du
goût, celui-ci perd ses droits pendant
quelques instans , & toute la sensation appartient à l'odorat. Qui est-ce
qui ne sçait pas ce qu'il arrive , lorsqu'on prend une dose de moutarde
trop peu mesurée , ou lorsqu'on ava-
le à longs traits de la biére forte ?

Il paroît que le principal objet de
l'odorat sont les sels volatils , & que
la variété des odeurs vient du mélange & de la quantité des autres
principes qui leur sont unis ; car les
sels fixes ne sont point capables
de se porter à l'organe , & tout ce
qui n'est point sel dans les mixtes ,
quoiqu'il soit volatil , semble insipide
à l'odorat comme au goût. On observe au contraire que tout ce qui facilite l'évaporation des matiéres où
le sel volatil abonde , tout ce qui développe leurs principes , les rend
aussi plus odorantes. Quand on cuit
les viandes , l'action du feu divise les
parties , les subtilise , & les met en
état de s'exhaler , & alors les odeurs
deviennent très-sensibles. Quand on
mêle du sel ammoniac en poudre

avec de la chaux vive, ou avec du
fel de tartre, le volatil urineux fe de-
veloppe, s'éléve, & fe fait vivement
fentir.

Par la même raifon la fermentation
ou la putréfaction, rend prefque toujours odorantes les matiéres qui ne le
font que peu ou point dans leur état
naturel, & le plus fouvent elle change la qualité des odeurs ; car ces
mouvemens inteftins donnent lieu
aux parties de fe déplacer & de fe
défunir. Si cette défunion ne va pas
jufqu'à décompofer les molécules,
& changer la nature du mixte qui
commence à fermenter, il devient
feulement plus odorant, parce qu'il
s'exhale en plus grande quantité ;
mais fi les principes mêmes qui compofent les parties intégrantes viennent à fe féparer, non-feulement
l'odeur en deviendra plus forte &
plus pénétrante, parce que l'organe
fera affecté par des parties plus fubtiles ; mais la fenfation fera auffi d'u-
ne autre efpéce, parce qu'elle fera
caufée par des corpufcules d'une
ftructure différente, où la partie faline qui eft le principal agent, fera

plus ou moins abondante, plus o moins développée. Un fruit qui se pourrit, la chair qui se corrompt, exhalent des odeurs de plus en plus désagréables, non-seulement parce qu'elles sont plus fortes, mais aussi parce qu'elles sont plus fétides à mesure que la corruption fait du progrès.

Les odeurs sont encore moins caractérisées que les saveurs ; à peine convient-on de quelques sensations fondamentales dans ce genre ; on se contente de rapporter les moins connues à celles qui le sont davantage, à la fumée du soufre, à celle du linge brûlé, à la vapeur de l'urine, à la violette, au citron, à l'ambre, &c. sans prétendre pour cela que ces différentes exhalaisons soient des odeurs simples.

Il faut que les corpuscules capables d'ébranler l'organe de l'odorat, soient susceptibles d'une prodigieuse divisibilité ; on en peut juger par une expérience, & par quelques observations que nous avons rapportées dans la première leçon, * pour prouver en général combien les corps sont divisibles. Ces petites parties exhalée

* III. Expérience, p. 27. & suiv.

ıalées flottent dans l'air , & c'eſt ce
fluide qui les porte dans l'intérieur
du nez où eſt l'organe , lorſque par
la reſpiration nous le déterminons à
prendre cette voie.

L'intérieur du nez eſt revêtu d'une
membrane que les gens de l'art nomment *pituitaire* : c'eſt un tiſſu compoſé pour la plus grande partie des fibres du nerf olfactif, qui eſt communément reconnu pour être le ſujet
des odeurs. Ces fibres nerveuſes
aboutiſſent à la ſuperficie de la membrane en forme de petits mammelons ſur leſquels ſe fait l'impreſſion
des corpuſcules odorans. * Voilà en
gros l'organe de l'odorat , un plus
grand détail ne conviendroit point
ici : ceux qui voudront être plus amplement inſtruits, trouveront de quoi
ſe ſatisfaire dans le traité de M. le Cat,
que nous avons cité ci - deſſus , dans
l'expoſition anatomique de M. Winſ-
low , &c. Nous ajouterons ſeulement
que les odeurs fortes, & leur fréquent
uſage , endurciſſent pour ainſi dire
les petites houpes nerveuſes auſquel-
les elles s'appliquent , & leur font
perdre ce ſentiment délicat dont

Fig. 13.

Tome I. P

jouiſſent ordinairement les perſonnes
qui n'uſent point de tabac ni de par-
fums. On perd auſſi pour un tems
l'uſage de ce ſens lorſqu'une humeur
ſur-abondante ou trop épaiſſie, au
lieu d'abbreuver l'organe autant qu'il
convient ſeulement pour entretenir
ſa ſoupleſſe & ſa ſenſibilité, engorge
& gonfle toute ſa ſubſtance; car alors
non-ſeulement il n'eſt point dans ſon
état naturel, & diſpoſé à bien faire
ſes fonctions, mais l'air qui paſſe avec
peine n'y porte pas la même quantité
d'odeur : c'eſt ce qu'on éprouve, &
qu'il eſt aiſé d'obſerver, lorſqu'on a
cette indiſpoſition qu'on appelle *rhu-
me de cerveau.*

Nous ne dirons rien ici de l'ouïe
& de la vûe, parce que nous aurons
occaſion d'expliquer le méchaniſme
de ces deux ſens, en traitant des
ſons & de la lumiére; il nous reſte à
terminer cette digreſſion par quelques remarques qui ſe préſentent encore à faire ſur les ſens en général
conſidérés dans l'homme.

1°. Quoique ſuivant l'intention de
la nature, chaque individu de notre
eſpéce doive faire de ſes ſens l'uſage

pour lequel ils lui font accordés; cependant il eſt indubitable que toutes ces facultés ne ſont point au même degré de délicateſſe dans tous les hommes. On en a vû * dont l'odorat étoit auſſi fin que celui des chiens de chaſſe ; d'autres diſtinguent les objets dans un lieu aſſez obſcur pour les dérober aux vûes ordinaires ; certains gourmets apperçoivent dans les ragoûts & dans les liqueurs , des différences qui échappent aux goûts communs. Un tel dégré de perfection dans les ſens , lorſqu'il ne s'y trouve pas aux dépens de quelque avantage plus précieux , doit être regardé comme un bienfait de la nature ; mais que la ſenſibilité de nos organes ſoit limitée , & que nos ſenſations n'ayent pas toute l'étendue qu'elles pourroient avoir , ce n'eſt point un mal, & nous aurions tort de nous en plaindre : au contraire une délicateſſe dans les ſens beaucoup plus grande qu'elle ne s'y trouve communément , nous expoſeroit à bien des incommodités , à moins qu'il ne ſe fît en même-tems une réforme dans les objets qui ont coutu-

* Journal des Sçav. Avr. 1667. Mem. de Trevoux , Fev. 1725.

me de les affecter, & que nous ne changeaffions auffi de maniére de penfer. Trop de lumiére bleffe nos yeux, tels qu'ils font ; s'ils étoient plus délicats, une clarté ordinaire feroit toujours exceffive, & nous ne verrions jamais fans douleur. Seroit-il agréable de voir toujours les objets comme on les voit à l'aide du microfcope ? La plus belle peau ne nous paroîtroit jamais qu'un tiffu mal uni, ou plein de rugofités ; & le plus beau diamant ne nous montreroit que des faces mal dreffées, & peu fimétrifées : il eft aifé d'appliquer cette refléxion aux autres fens.

2°. Dans l'ufage des fens, quoique l'organe foit fuffifamment affecté par l'objet, il arrive fouvent que la fenfation n'a point fon effet par rapport à l'ame. Combien de fois n'arrive-t-il pas qu'on a les yeux ouverts fur un objet éclairé, fans le voir ? ou que l'on parle affez haut à quelqu'un qui n'eft point fourd, & qui cependant n'entend pas ce qu'on lui dit ? Tous les corps que nous touchons, ou qui nous touchent par hazard, viennent-ils pour cela à nôtre

connoiſſance ? C'eſt que pour connoître ce que l'on touche, il faut le
tâter ; pour entendre, il faut écouter ; & pour voir, il faut regarder. Or
tâter, écouter, & regarder, ce n'eſt
pas ſeulement laiſſer agir l'objet ſur
l'organe, c'eſt joindre l'attention de
l'ame à l'exercice du ſens qui eſt en
fonction. Un homme diſtrait ſe comporte ſouvent comme un ſourd, un
aveugle, un inſenſible : Qui ne connoît pas les effets de la diſtraction ?

3°. Les ſenſations, comme nous
l'avons déja dit, font naître des idées,
& ces idées ſont agréables ou déplai-
ſantes à l'ame qui les conçoit; mais ce
qu'il y a de plus remarquable, c'eſt que
le même objet fait plaiſir aux uns &
déplaît aux autres. Quelques perſonnes aiment les amers, le plus grand
nombre les déteſte ; certaines odeurs
plaiſent à ceux-ci, & ſont inſuppor-
tables à ceux-là : & c'eſt ce qui a
donné lieu à cette maxime, *Il ne faut*
pas diſputer des goûts. Il y a plus encore : ce qui me faiſoit peine à ſentir
il y a quelques années, m'eſt agréable
aujourd'hui. Tel qui a marqué de la
répugnance en buvant de la biére, ou

P iij

en prenant du tabac pour la première
fois , en fait ses délices dans la suite ;
l'odeur du musc qui étoit de mode
autrefois , fait maintenant mal à la
tête à tout le monde. Les organes
ne sont-ils pas à-peu-près les mêmes
dans tous les hommes ? & changent-
ils d'un tems à l'autre dans le même
individu ?

Puisque c'est une chose reconnue,
que les parties organiques sont plus
délicates , & par conséquent plus susceptibles des impressions, dans certaines personnes que dans d'autres , &
qu'une action immodérée de l'objet
est capable de les blesser ; il peut arriver que ce qui ne seroit qu'une sensation ordinaire pour les uns, devienne
pour les autres une irritation violen-
te , fâcheuse , & inquiétante pour
l'ame qui veille à la conservation du
corps, & qui désapprouve tout ce qui
tend à déranger l'économie animale.

Mais il faut convenir que l'imagination a autant de part qu'aucune autre cause à toutes ces variétés. Les
objets nous plaisent ou nous causent
de la répugnance selon les idées que
nous y attachons; & ces idées dépen-

dent beaucoup de l'habitude, de la mode, & des préjugés. On a oui dire à des gens que l'on croit de bon goût, qu'une telle matière en la brûlant produit une bonne odeur; en voilà assez pour la faire aimer quand on l'éprouvera. Le rapport des yeux présente d'abord les huîtres sous des similitudes dégoutantes; mais peu à peu ces premières idées s'affoiblissent, & cédent à d'autres plus flatteuses qu'on a conçûes en y goûtant : ainsi comme les sensations dépendent en partie de la disposition de l'organe , les jugemens qui s'ensuivent, tiennent beaucoup aussi de celles de l'ame.

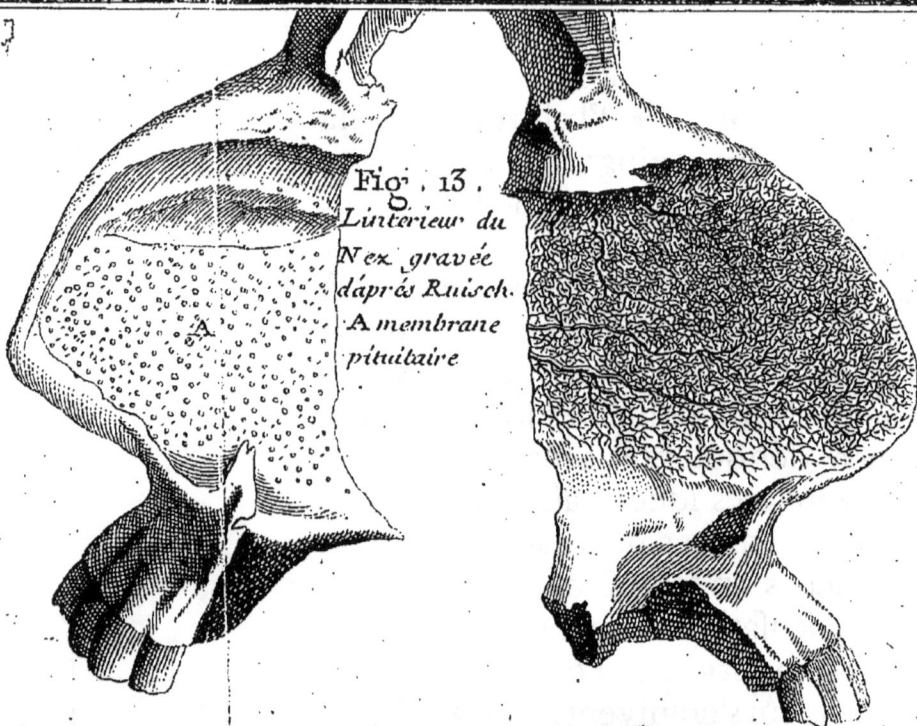

Fig. 13.
L'interieur du
Nez gravée
d'aprés Ruisch.
A membrane
pituitaire

A

Fig. 11.
Le bout du doit
index vu a
la loupe

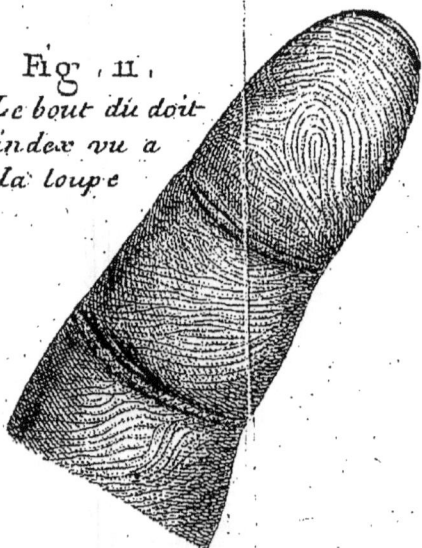

Fig. 12.
Langue
humaine
gravée
d'apres le
tresor
Anat: de
Ruisch

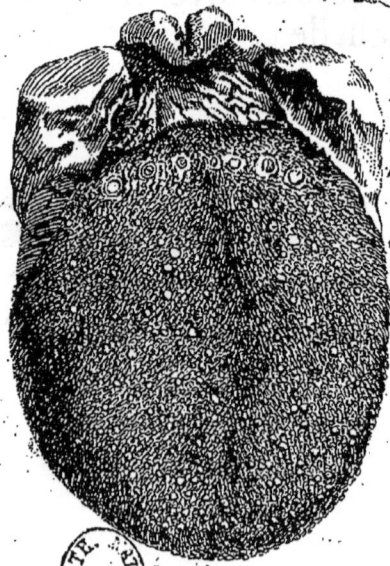

Brunet fecit

III· LEÇON·

De la Mobilité des Corps ; du Mouvement, de ses propriétés & de ses loix.

PREMIERE SECTION.

De la Mobilité des Corps.

IL ne faut point confondre la *mobilité* avec le *mouvement* ; ce sont deux choses tout-à-fait différentes. La premiére est une propriété commune à tous les corps ; l'autre est un état hors duquel on les considére souvent , & qui ne leur est point essentiel. Je me représente quelquefois telle ou telle matiére comme étant en repos ; mais je conçois toujours qu'elle peut recevoir le mouvement qu'elle n'a pas.

La mobilité est fondée sur certaines dispositions qui ne se trouvent pas au même dégré dans tous les corps ; c'est ce qui fait que les uns

font plus mobiles que les autres, c'est-
à-dire, qu'il faut employer moins de
force pour les faire paffer du repos
au mouvement. Les principales de
ces difpofitions font la figure, le poli
de la furface, & la quantité de matiére contenue fous le volume d'un
corps qu'on veut mouvoir.

Pour concevoir ceci facilement,
repréfentons-nous d'abord deux maffes de verre, d'yvoire, &c. d'égal
poids, dont l'une foit un cube, &
l'autre une boule, toutes deux pofées
fur une table. Ces deux corps ne diffé-
reront que par la figure, & cela fuffira
pour rendre le dernier beaucoup plus
propre que le premier à recevoir &
à conferver le mouvement. Donnons-
leur maintenant la même figure, &
ne changeons rien à l'égalité de leurs
maffes; mais imaginons feulement
que la furface de l'un eft raboteufe, &
que celle de l'autre eft unie: cette
différence rendra celui-ci plus mobile; une moindre force le fera mouvoir fur un plan folide, ou dans un
fluide. Enfin fuppofons deux corps
bien femblables par leur figure, &
par le poli de leurs furfaces, mais dif-

férens par leurs quantités de matiére; une bille d'yvoire, par exemple, & une autre de plomb, de même diametre, suspendues de même, ou sur le même plan horizontal & fort droit; ne faudra-t-il pas frapper celle-ci plus fortement que l'autre, pour la mouvoir ? & la même force imprimée à l'une & à l'autre, ne trouvera-t-elle pas moins de résistance dans la plus légére que dans la plus pesante ?

Cette résistance au mouvement, qu'on apperçoit dans tous les corps, ayant égard seulement à leur masse, se nomme *force d'inertie* : elle est, ainsi que la pésanteur, proportionnelle à la quantité de matiére propre de chaque corps. Mais quoique ces deux forces ayent cela de commun entr'elles, on ne peut pas dire qu'elles soient la même chose ; il y a des preuves du contraire : la pésanteur, comme nous le verrons dans la suite, exerce toujours son action de haut-en-bas, & autant qu'elle peut, perpendiculairement à l'horizon ; mais la force d'inertie résiste au mouvement, dans quelque sens qu'on fasse effort pour mouvoir un corps.

Pour nous faire une idée juſte de l'inertie, repréſentons-nous l'expé-rience propoſée par M. Newton * ; imaginons un corps d'une grandeur & d'un poids déterminé, par exem-ple, une boule de plomb peſant une livre, ſuſpendue librement par un fil fort long, dans un air tranquile, & une autre boule de plomb ſemblable, pareillement ſuſpendue, qui va heur-ter la premiére avec quatre degrés de mouvement. Si la boule en repos ne faiſoit aucune réſiſtance à celle qui vient la heurter, après le choc on les verroit toutes deux ſe mouvoir avec quatre degrés de mouvement. Car pourquoi le mouvement diminueroit-il dans la boule qui choque, s'il n'y avoit point de réſiſtance de la part de celle qui eſt choquée ? & par quelle raiſon la boule déplacée ne le feroit-elle pas ſelon toute l'étendue du mouvement qui la pouſſe ? Mais l'ex-périence fait voir autre choſe : la bou-le en repos reçoit de celle qui la frap-pe une portion de ſon mouvement ; & cette derniére perd dans le choc ce que l'autre paroît avoir acquis. Un corps en repos fait donc une ré-

* Fig. 1.

fiſtance réelle à l'effort qui tend à le mouvoir. Il y a plus encore; ſi la boule en repos * péſe 30, ou 40 livres, l'autre qui n'a plus alors qu'une maſſe beaucoup moindre, avec le même effort ne la porte pas auſſi loin que dans le cas précédent; cependant ſi pour mouvoir un corps quelconque, il ne s'agiſſoit que de lui faire perdre ſon état de repos, le mouvement communiqué ſeroit le même dans une groſſe que dans une petite maſſe. Il y a donc quelque choſe de plus à vaincre, qu'une ſeule privation de mouvement.

* Fig. 22.

Dira-t-on que la boule en repos ne réſiſte, que parce qu'elle eſt appuyée par l'air qui l'environne, & qu'il faut déplacer pour la faire changer de lieu ? Mais, 1°. les corps qui ſe choquent dans le vuide, font voir la même choſe que dans l'air, ou s'il y a des différences, elles ne ſont pas ſenſibles.

2°. La réſiſtance de l'air fait elle-même partie de la queſtion préſente; car il s'agit de l'inertie des corps en général. Si l'air en qualité de matiére, fait réſiſtance au mouvement des

corps qui tendent à le déplacer, &
qu'on en convienne, l'inertie est
prouvée.

3°. Si la résistance que fait la boule
en repos, venoit uniquement de celle de l'air, sur lequel elle s'appuye;
pour résister une fois plus, il faudroit
qu'elle répondît à un volume d'air
une fois plus grand : mais le fait est
qu'il suffit de doubler le poids de la
boule, & tout le monde sçait qu'un
solide sphérique, pour avoir le double de masse, ne reçoit pas une surface deux fois aussi grande que celle
qu'il avoit.

Seroit-ce donc la pesanteur de la
boule suspendue qui s'opposeroit à
son déplacement ? De quelque longueur qu'on suppose le fil, dira-t-on,
si le corps grave qu'il tient suspendu,
est libre, il le tiendra tendu dans une
situation verticale, & se placera au
point le plus bas que la suspension
lui puisse permettre d'obtenir. Il suit
de-là, que si l'on le force d'en sortir,
en quelqu'endroit qu'on le porte à
l'entour, il sera plus haut ; & qu'il
faudra pour l'y porter, vaincre sa pesanteur qui fait effort pour le retenir
où il est.

Cette objection eft fpécieufe, mais elle ne fera jamais conclure que la force d'inertie & la pefanteur font la même chofe dans les corps, à quiconque fera attention que dans les boules fufpendues des expériences citées, la réfiftance eft toujours proportionnelle aux maffes confidérées dans toute leur valeur; au lieu que la pefanteur, au tems du repos, eft réduite à zero par le fil qui fufpend la boule, & qu'elle n'agit prefque pas, lorfque cette même boule fe meut, fi le fil eft fort long, comme on le fuppofe, & qu'on ne faffe décrire que de petits arcs.

Pour rendre ceci plus intelligible, fuppofons la boule en repos au bout du fil qui la tient fufpendue, alors tout l'effort de fa pefanteur eft vaincu par la réfiftance du point de fufpenfion; fi on la pouffe avec le doigt dans un arc de cercle, à mefure qu'elle s'éloigne du lieu de fon repos, on fent qu'elle péfe de plus en plus fur la main qui la dirige, de maniére que fi le fil devient horizontal, elle fait fentir tout fon poids; & quand on la conduit en defcendant par le même arc de cercle, on fent décroître proportionnellement l'effort de la pefanteur, jufqu'à ce que le fil foit vertical, & que le point de fufpenfion foit chargé de tout. On conçoit donc que la boule en queftion ne réfifte comme pefante, que quand le fil n'eft plus vertical, quand elle a paffé du lieu le plus bas à un autre plus élevé ; ce déplacement doit donc précéder abfolument la réfiftance, ou l'effort qui vient de la pefanteur ; mais pour opérer ce déplacement, il faut employer une force réelle, capable de vaincre & de tranfporter toute la maffe de cette boule ; car fi cette force qu'on employe eft trop petite, elle n'eft pas moins une force réelle, & cependant elle n'a point l'effet qu'on demande, fur un corps folide dont les parties font liées. Ainfi la boule fufpendue a donc fait une réfiftance qu'il a fallu vaincre, avant que fa pefanteur pût fe faire fentir.

De plus les fluides réfiftent auffi bien que les autres corps. Quand un folide fe meut dans l'eau, en fuivant une direction horizontale, on ne peut pas dire que la réfiftance qu'il éprouve,

ve, vienne de la péfanteur du milieu, puifque toutes les parties de ce
milieu, qu'on fuppofe homogénes ,,
font en équilibre entr'elles , & qu'on
n'a rien à attendre de leur pefanteur,
quand on les tranfporte felon une direction qui lui eft tout-à-fait indifférente , telle qu'on la fuppofe.

Enfin la force d'inertie fe rencontre dans les corps en mouvement ,
comme dans ceux qui font en repos ;
celui qui fe meut avec deux dégrés ,
n'en reçoit un troifiéme que par un
nouvel effort qu'il faut faire pour le
lui donner ; la même réfiftance qu'il
oppofe à la premiére force qui lui ôte
fon repos ,, il l'employe également
contre celle qui veut ajouter à fon
nouvel état : c'eft pourquoi après
avoir rapporté les expériences qui
prouvent la force d'inertie dans les
corps en repos, j'en ajouterai une qui
me paroît décifive ,, & qui ne permet
pas de confondre les effets de l'inertie avec ceux de la pefanteur.

PREMIERE EXPERIENCE.

PREPARATION.

La machine qui eſt repréſentée par la *Fig.* 3. porte environ à 6 pieds de hauteur deux billes d'yvoire *A*, *B*, d'un pouce ½ de diametre chacune, & attachées enſemble avec un peu de cire : le marteau *D*, qui eſt de même matiére, eſt mené par un reſſort que l'on tend plus ou moins, & qui ſe détend quand on tire le cordon *E*, pour faire frapper le marteau ſur une des deux billes.

EFFETS.

L'une des deux billes d'yvoire *B* ayant été frappée par le marteau, ſe détache de l'autre *A*, & la précéde en tombant.

EXPLICATIONS.

Si les deux billes ſeulement détachées l'une de l'autre, n'obéiſſoient qu'à leur peſanteur; comme on ſuppoſe qu'elles commencent à tomber en même tems, qu'elles ſont en tout ſemblables, & dans le même air, il est indubitable qu'elles arriveroient ensemble sur le plan qui termine leur chute : mais l'une des deux, ayant reçu un coup de marteau qui ajoute à l'effort de sa pesanteur, obéit encore à cette nouvelle impulsion, dont l'effet est de la faire précéder l'autre ; & cette précession est d'autant plus prompte, que le coup de marteau a été plus grand. Voilà un nouvel effet qu'on ne peut attribuer à la pesanteur, puisque pour le faire naître, cet effet, il faut employer une cause particuliére, sans laquelle il est nul, & dont il suit exactement les proportions. Or tout ce qui anéantit une force active, s'appelle résistance : un corps qui tombe librement, résiste donc à un mouvement plus prompt que celui de sa pesanteur, & ne le reçoit que d'une autre puissance dont l'action est susceptible de plus & de moins.

APPLICATIONS.

Une pierre que l'on jette avec la main contre un arbre de médiocre grosseur, y cause souvent une émotion qui passe sensiblement jusques

aux branches, & retombe au pied du
même arbre, où elle demeure sans
mouvement : une pareille pierre lancée contre un rocher isolé, retombe
de même, & ne laisse appercevoir
aucun signe de mouvement communiqué : on voit tout d'un coup la
cause de cette différence, si l'on fait
attention que tout ce qui est matériel, oppose son inertie au choc des
autres corps ; & que cette force par
laquelle il résiste au mouvement, est
toujours proportionnelle à sa masse.
En supposant que la pierre portât successivement le même effort contre
l'arbre & contre le rocher ; le premier, comme ayant beaucoup moins
de matiére, a fait une résistance trop
foible, pour consumer entiérement
la force qui l'a sollicité à se mouvoir,
sans être un peu déplacé ; & ce déplacement a été sensible par l'agitation des branches : l'autre ayant une
masse beaucoup plus grande, a fait
une résistance complette, victorieu-
se (pour ainsi dire) ; & l'effort de la
pierre distribué à un certain nombre
de ses parties, n'a pas suffi pour s'é-
tendre à toutes d'une maniére sensi-

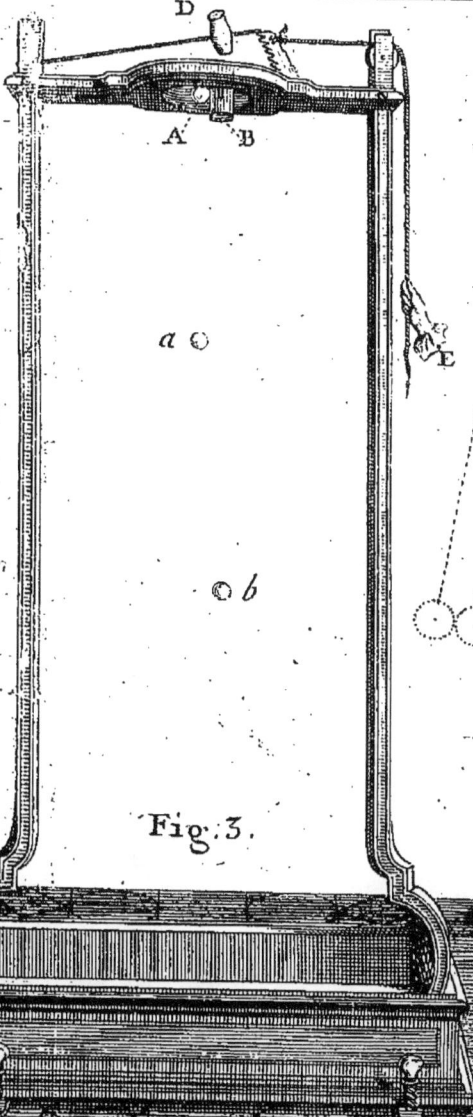

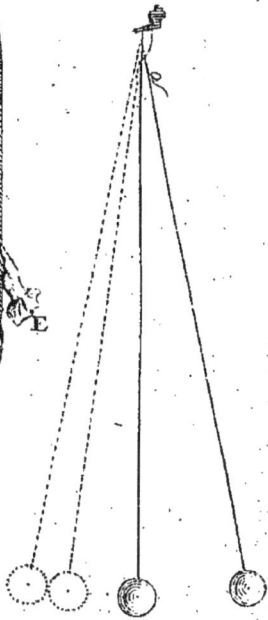

Fig. 2.

Fig. 1.

Fig. 3.

Desine et grave par Moreau

ble, & pour mouvoir le corps en son entier.

On a vu ci-deſſus qu'une boule de plomb qui péſe une livre, & qui va heurter une autre boule de même ma-tiére & de même poids, lui donne une certaine quantité de mouvement; & qu'elle en donne moins, ou, pour parler plus exactement, qu'elle dé-place moins une troiſiéme boule qui péſe trente ou quarante fois autant. On en a conclu, comme on le devoit, que ce dernier corps, ayant plus de matiére, réſiſtoit davantage; de-là il ſuit que plus il aura de maſſe, plus il ſera de réſiſtance; & qu'enfin il peut en avoir en telle quantité, que l'ef-fort qu'il a à ſoutenir, ne ſuffiſe pas pour être diſtribué ſenſiblement à toutes ſes parties: Cependant ce corps ne peut pas ſe déplacer, que toutes ſes parties ne ſe meuvent en com-mun; c'eſt donc par cette raiſon, que l'inertie des corps conſerve les uns ſenſiblement en repos contre un ef-fort qui met les autres en mouve-ment.

II. SECTION.

Du Mouvement en général, & de ses propriétés.

ON appelle *mouvement*, l'état d'un corps qui eſt actuellement tranſporté d'un lieu dans un autre, ſoit qu'on le conſidére en totalité, ſoit qu'on n'ait égard qu'à ſes parties. Ainſi le bateau qu'on abandonne au courant de la riviére, eſt en mouvement, parce qu'il change continuellement de place; & l'on ne peut point nier que les aîles d'un moulin ne ſe meuvent, quoiqu'elles tournent dans le même lieu, parce que chacune d'elles paſſe ſucceſſivement par tous les points du cercle qu'elle décrit.

Toutes les fois qu'un corps ſe meut, il change de ſituation, reſpectivement aux objets qui l'environnent de près ou de loin: un homme, par exemple, aſſis dans un carroſſe, ou dans un bateau qui le tranſporte, change continuellement de rapports, ſinon avec les perſonnes qui l'accom-

pagnent, au moins à l'égard des différens lieux qu'il parcourt pendant
son voyage.

Si j'apperçois à ma gauche ce que
j'avois à ma droite, je puis donc conclure en toute sureté, qu'il y a eu un
mouvement réel ; mais ce changement de rapports ne suffit pas seul
pour m'apprendre si c'est moi qui ai
passé du lieu que j'occupois, dans un
autre. Car le même effet s'ensuivroit,
quand j'aurois resté constamment en
repos, pourvû qu'on eût déplacé ce
que j'ai autour de moi. Que le soleil
tourne en 24 heures autour de la
terre, ou qu'en un pareil tems la
terre tournant sur elle-même, présente successivement tous les points
de sa surface à la lumière de cet astre,
c'est la même chose, quant aux apparences ; & le système qui attribue le
mouvement réel à notre globe, pour
expliquer les différens aspects du ciel,
n'eût jamais été qu'une pure hypothése, & ne l'emporteroit pas sur l'o-
pinion contraire, s'il n'étoit appuyé
d'ailleurs sur des raisons plus fortes,
que les positions relatives des corps
célestes avec la terre.

Il y a trois chofes principales à confidérer dans un corps qui fe meut; fa *direction*, fa *vîteffe*, & la *quantité* de fon mouvement.

La direction s'exprime par la ligne droite qu'un corps décrit, ou tend à décrire, par fon mouvement : car quoiqu'il parcoure un efpace, qui outre fa longueur, a encore les autres dimenfions qu'il a lui-même ; cependant, comme fi fa matiére étoit réduite en un point, on ne confidére dans la direction, que le chemin parcouru par ce feul point ; c'eft pour cela qu'en nommant deux termes feulement, on fait connoître fans équivoque de quelle maniére le mobile fe dirige ; comme quand on dit, *telle riviére coule de l'Eft à l'Oueft ; tel objet paffe de gauche à droite.*

Quand un corps commence à fe mouvoir, c'eft toujours par une ligne droite, qu'il fuit autant qu'il peut ; & quand il eft obligé de la quitter, il recommence à en décrire une autre de la même efpéce, qu'il n'abandonne encore, que quand on le force de fe diriger autrement, mais toujours en ligne droite, comme nous
le

le ferons voir ci-après. Ainsi quand un mouvement se fait en ligne courbe, cette courbe n'est autre chose qu'une suite de petites lignes droites différemment dirigées. La fronde qu'on fait circuler, passe par une infinité de directions; & le cercle qu'elle décrit, peut être considéré comme un polygone d'une infinité de côtés.

On donne aux directions des corps qui sont en mouvement, autant de noms différens, qu'il en appartient aux positions relatives des lignes droites; on dit, par exemple, tel corps se meut *obliquement*, *parallélement*, *perpendiculairement*, &c. à l'horizon, à tel ou tel plan. La direction de la pluie est oblique à l'horizon quand il fait du vent.

La vîtesse du mouvement se connoît par l'espace qu'un mobile parcourt, & par le tems qu'il employe à le parcourir. Pour avoir une idée distincte de la vîtesse, il ne suffit pas de dire, un homme a fait dix lieues, il faut encore accuser pendant combien d'heures il a marché.

De même quand il s'agit des vîtesses relatives, ce n'est point assez de comparer les tems, ou les espaces seulement, pour sçavoir en quel rapport sont les vîtesses de deux corps, il faut diviser les espaces par les tems, & si l'on trouve, par exemple, qu'en tems égaux chacun d'eux ait parcouru une toise, on pourra conclure égalité de vîtesse ; & l'inégalité au contraire, si l'un des deux employe plus de tems à parcourir un espace donné, ou que dans un tems déterminé il ne parcoure pas autant d'espace que l'autre. Les aiguilles d'une pendule, ou d'une montre, font toutes deux le tour du cadran, elles parcourent le même espace ; mais celle des heures employe douze fois autant de tems que celle des minutes : la derniére a douze fois autant de vîtesse que la premiére ; ou bien en prenant le tems de douze heures pour la mesure commune, on verra en comparant les espaces parcourus, que l'aiguille des minutes fait douze fois le chemin, que celle des heures ne parcourt qu'une seule fois ; ce qui revient au même.

On confond assez souvent la vîtesse avec le mouvement ; si l'on fait tourner un morceau de liége une fois plus vîte qu'un plomb de pareil vo-lume, on dit communément, que le liége a plus de mouvement. Cette expreſſion n'eſt point exacte, & l'on verra bientôt que le plus & le moins de mouvement ne vient pas ſeule-ment du degré de vîteſſe. Cependant ceux-mêmes qui ne l'ignorent pas, ſe conforment quelquefois à l'uſage, & l'on dit, un *mouvement uniforme*, *accéléré*, *retardé*, &c. quoique ces modifications doivent toujours s'en-tendre de la vîteſſe.

La vîteſſe *uniforme* eſt celle d'un corps qui parcourt des eſpaces égaux en tems égaux. Comme ſi la boule qui roule ſur un plan, parcourt une toiſe dans une ſeconde, une autre toiſe dans la ſeconde ſuivante, une toiſe encore dans la troiſiéme ſecon-de, & toujours de même; de façon que les tems & les eſpaces parcourus ſoient toujours égaux entr'eux. Cette uniformité ſe conçoit aiſément com-me poſſible, mais dans l'état naturel elle ne ſe rencontre preſque jamais, à cauſe des obſtacles inévitables dont nous parlerons ci-après.

On appelle vîteſſe *accélérée* celle d'un mobile, qui dans des tems égaux meſure des eſpaces qui vont toujours en augmentant, ou bien des eſpaces qui ſont égaux entr'eux, dans des tems qui décroiſſent de plus en plus; comme une pierre qui tombe librement, & qui va plus vîte vers la fin de ſa chûte qu'au commencement.

Si tout au contraire, des eſpaces égaux ne s'achevent que dans des tems qui augmentent de plus en plus, ou, qu'en ſuppoſant l'égalité des tems, les eſpaces parcourus aillent toujours en décroiſſant, cette vîteſſe eſt celle qu'on nomme *retardée*; telle eſt celle d'une bille qu'on roule, & qui ſe rallentit peu à peu juſqu'au repos.

La quantité du mouvement s'eſtime par la maſſe & par la vîteſſe priſes enſemble; de maniére qu'en multipliant l'une par l'autre, on peut ſçavoir au juſte quel eſt le rapport des mouvemens de deux corps que l'on compare. Suppoſons, par exemple, qu'un des deux ait 100 grains de matiére, que l'autre en ait 500, & que tous deux ſe meuvent avec 4 de-

grés de vîteſſe : la quantité du mouvement dans le premier ſera 100 multiplié par 4, ce qui fera 400 ; & dans
le dernier ce ſera 500 multiplié par
4, le produit ſera 2000 : ainſi ces
deux quantités de mouvement com-
parées ſeront entr'elles comme 400,
& 2000. On apperçoit aiſément la raiſon pour laquelle on doit eſtimer ainſi
la quantité du mouvement, quand
on conſidére que toute la vîteſſe avec
laquelle on fait mouvoir un corps,
appartient également à toutes les
parties de ſa maſſe ; car ſi je mets un
tout en état de parcourir une toiſe
en une ſeconde de tems, je détermine par-là ſa vîteſſe, mais je l'im-
prime, cette vîteſſe, à toutes les parties qui compoſent ce tout ; de ſorte
que ſi après l'impulſion reçûe, elles
venoient à ſe déſunir, on ne conçoit
pas qu'aucune d'elles dût demeurer
en repos ; on ſent au contraire, qu'en
obéiſſant toutes également à la même cauſe qui les a déterminées à ſe
mouvoir, elles continueroient d'exécuter ſéparément ce qu'elles ont
commencé en commun, en faiſant
abſtraction néanmoins des obſtacles

qui augmentent en conféquence de
la divifion, & que nous expliquerons
ailleurs.

Un corps qui fe meut, peut en
mouvoir d'autres, & cette faculté eft
relative auffi à fa maffe & à fa vîteffe,
de façon qu'on peut compenfer l'une
par l'autre. Car celui qui a peu de
maffe fait autant d'effort avec beaucoup de vîteffe, qu'un autre en feroit
avec moins de vîteffe s'il avoit plus
de maffe. Avec un petit marteau
qu'on fait agir promptement, on chaffe auffi loin le même clou, qu'avec
un plus gros qui tomberoit lentement;
une petite baguette ne bleffe pas
comme un bâton, quand bien même
l'une & l'autre frapperoient avec la
même vîteffe.

Le mouvement des corps, quand
il eft employé pour en mouvoir d'autres, foit qu'il tende à les mouvoir
feulement, foit qu'il les meuve en
effet, fe nomme *puiffance*, ou *force
motrice*.

On avoit toujours penfé que cette
force, en toutes fortes de cas indiftinc-
tement, devoit être évaluée comme la
quantité du mouvement par la maffe

& par la vîtesse ; & en effet qu'un corps follicité à se mouvoir, se meuve réellement, ou bien qu'il soit retenu par des obstacles, on ne voit autre chose en lui que sa vîtesse, multipliée autant de fois qu'il a de parties solides, ou (ce qui est la même chose) toute sa masse multipliée par sa simple vîtesse ; & l'on ne voit pas que des oppositions invincibles, ou la liberté d'agir, puissent rien changer à sa quantité de matiére, ni à l'impulsion qui a une fois réglé son degré de vîtesse.

Cependant plusieurs·Philosophes très-célebres ont embrassé le sentiment de M. Leibnitz, qui le premier a établi une distinction entre la force motrice qui est vaincue par un obstacle, & celle qui agit contre une résistance qui céde. Ils appellent la premiere *force morte*, & ils conviennent qu'elle doit être évaluée comme la quantité du mouvement, en multipliant la masse par la simple vîtesse. Quant à la derniére, qu'ils nomment *force vive*, ils prétendent que pour l'estimer selon sa juste valeur, il faut multiplier la masse, non

par la simple vîteſſe, mais par le quarré de la vîteſſe, c'eſt-à-dire, par la
vîteſſe multipliée par elle-même. Si,
par exemple, la vîteſſe eſt 3, ce n'eſt
point par 3 qu'il faudra multiplier la
maſſe, mais par 9, qui eſt le produit
de 3 multiplié par 3. Suivant cette
opinion, un corps qui agit contre un
obſtacle avec 2 de maſſe, & une impulſion qui régle ſa vîteſſe à 4, n'a
que 8 degrés de force, tant que la
réſiſtance eſt victorieuſe; mais ſi cette réſiſtance vient à céder, la force
à laquelle elle obéit devient vive, &
de 8 elle s'éleve à 32.

On juge bien qu'un Philoſophe
comme M. Leibnitz, & auſſi verſé
qu'il étoit dans les Mathématiques,
ne s'eſt point déterminé légérement
à introduire un principe auſſi nouveau, & qui paroît d'une auſſi grande importance pour la méchanique;
il l'a même annoncé par un titre qui
marquoit ſa confiance *; & en effet
il appuie ſa théorie ſur des expériences & par des raiſonnemens ſi

* *Brevis demonſtratio erroris memorabilis
Carteſii, & aliorum, &c.* Act. erud. Lipſ.
1686. p. 161.

spécieux, qu'on ne doit point être surpris qu'il ait trouvé des défenseurs parmi les Physiciens les plus habiles & les plus éclairés. Mais l'on ne peut dissimuler aussi que le plus grand nombre révolté contre cette nouvelle doctrine, l'a regardée comme un paradoxe ; & qu'après de longues discussions, la plûpart ont pensé qu'il falloit plutôt chercher à concilier les phénoménes qui servent de preuves à l'opinion de M. Leibnitz, avec des principes connus & généralement avoués, que d'admettre une nouveauté qui ne paroissoit point liée avec les idées claires & distinctes qu'on s'étoit faites jusqu'alors du mouvement des corps.

Nous ne croyons pas devoir approfondir cette question dans un ouvrage, où l'on ne s'est proposé que d'établir les principes les moins contestés : les piéces de ce fameux procès se trouvent mieux exposées que nous ne pourrions faire, dans plusieurs ouvrages imprimés & très - connus. Je n'en citerai que deux ; l'un est le vingt - uniéme & dernier chapitre d'un volume in-8°, imprimé en 1740.

fous le titre d'*Inftitutions de Phyfique*;
dans lequel une dame, auffi refpec-
table par fes lumiéres que par fa naif-
fance, a fait valoir, avec toute la fa-
gacité poffible, tout ce qu'on peut
dire en faveur des forces vives : l'autre eft une *Differtation fur l'eftimation
des forces motrices des Corps* ; dans laquelle M. de Mairan, qui en eft l'auteur, rappelle un mémoire qu'il avoit
lû en 1728. à l'Académie des Sciences ; & dans lequel il combat l'opinion des forces vives par des raifons
bien fortes, & explique fort intelli-
giblement, & par les principes ordinaires, tout ce qui paroiffoit ne pouvoir l'être qu'en admettant celui de
M. Leibnitz.

Je ne dois pas obmettre cependant
(& c'eft une des raifons qui me dif-
penfent de m'étendre davantage fur
cette queftion) que fi les fentimens
font partagés fur la maniére d'évaluer
la force des corps en mouvement,
on eft parfaitement d'accord fur le
produit de ces forces, & fur les effets
qui en doivent réfulter. Ceux qui
n'admettent point la diftinction Léi-
bnitienne, conviennent cependant

avec les défenseurs des forces vives, que les effets font quadruples de la part d'un corps qui se meut avec deux degrés de vîtesse, par comparaison à celui qui n'en a qu'un. Mais, disent-ils, ce n'est pas parce que 4 est le quarré de 2, que cet effet s'ensuit ; c'est seulement parce que le mobile qui a deux degrés de vîtesse, fait un effort qui est répété deux fois autant que celui d'un corps qui se meut avec un degré de vîtesse. Et il faut avouer que si l'on fait entrer la considération du tems, dans l'examen des faits qu'on apporte en preuves des forces vives ; on se retrouve alors dans la route ordinaire, & le quarré des vîtesses n'a pas plus lieu pour l'estimation des forces qui ne font que retardées par des résistances qui cédent, que pour évaluer celles qui agissent contre des obstacles invincibles.

Il suit de cet aveu & de sa restriction, que si l'affaire des forces vives n'est point une question de nom, au moins on peut dire qu'elle n'est pas d'une aussi grande conséquence qu'elle paroissoit devoir l'être pour la méchanique, & qu'on peut sans erreur

estimer indistinctement dans la pratique , la force des corps par la quantité du mouvement, c'est-à-dire, par
leur masse & par leur simple vîtesse
actuelle , s'ils se meuvent réellement;
& s'ils sont retenus par des obstacles
invincibles , par leur tendance au
mouvement qui est comme la masse
& leur vîtesse initiale , c'est-à-dire,
celle avec laquelle ils commence-
roient à se mouvoir , si l'obstacle
cédoit.

Le *repos* est l'état opposé au mouvement , c'est donc celui d'un corps
qui persévére dans les mêmes rapports de situations avec les objets qui
l'environnent de près ou de loin. Je
dis , de près ou de loin ; pour faire
entendre qu'il s'agit ici du repos absolu ; & qu'on ne regarde pas comme tel l'état d'un corps qui est em-
porté avec ce qui l'entoure, comme
un homme qui voyage avec trois autres personnes dans la même voiture ; car s'il est en repos relativement
à ceux qui l'accompagnent, il ne l'est
pas par rapport aux objets extérieurs.

Cette espéce de repos à qui nous
donnons l'exclusion , est peut-être le

seul cependant qu'on doive admettre en parlant à la rigueur ; car si tout
le globe que nous habitons , tourne
sans cesse sur son axe , & qu'il décri-
ve un orbe autour du soleil , comme il est très-probable , il n'y a aucun
corps sur sa surface qui ne participe
au mouvement qui est commun à
toutes ses parties ; & si quelque chose paroît en repos , ce n'est que relativement aux autres objets terrestres.
Mais comme tout ce qui l'entoure à
cet égard , s'étend autant que toute
notre sphére , quand on ne compare
que des corps terrestres entr'eux , on
peut regarder comme absolu le repos
de celui qui ne change point de situation respectivement à eux.

Le repos n'a pas ses degrés comme le mouvement , à moins qu'on ne
le confonde avec la force d'inertie ;
il est toujours tout ce qu'il peut être :
mais il peut arriver (& c'est une chose fort ordinaire) qu'un corps soit en
repos considéré comme un tout , &
que ses parties soient dans un mouvement actuel. Un bloc de marbre
qui s'échaufe à l'ardeur du soleil , ne
change point de place , mais toutes

ſes parties ſont agitées ; car tous les
Phyſiciens conviennent qu'un des
principaux effets de la chaleur, eſt de
mettre en mouvement les parties de
la maſſe ſur laquelle elle agit.

III. SECTION.

Des Loix du Mouvement ſimple.

ON appelle *Loix du Mouvement* certaines régles, ſuivant leſquelles tous
les corps ſe meuvent généralement
& conſtamment, lorſqu'ils obéiſſent
à quelque force motrice.

Le mouvement *ſimple* eſt celui d'un
corps qui n'obéit qu'à une ſeule force, ou qui ne tend qu'à un ſeul point.
Tel eſt celui d'un homme qui gliſſe
en ligne droite ſur un canal glacé, ou
celui d'un corps grave que ſon propre poids fait deſcendre par une ligne
perpendiculaire à l'horizon : un tel
mouvement eſt l'effet d'une ſeule impulſion, ou de pluſieurs qui ſe ſuc-
cédent dans la même direction.

Premiére Loi du Mouvement simple.

TOUT corps qui eſt une fois mis en mouvement, continue de ſe mouvoir dans la direction, & avec le degré de vîteſſe qu'il a reçû, ſi ſon état n'eſt changé par quelque cauſe nouvelle.

C'eſt-à-dire, que s'il quitte la ligne droite qu'il a commencé à décrire, ſi ſa vîteſſe ſe rallentit ou s'accélére, ces changemens viennent d'une cauſe particuliére qui le détermine autrement, qui ajoute ou qui retranche à ſon mouvement, ſans quoi la premiére cauſe ne ceſſeroit d'avoir pleinement ſon effet. Car pourquoi ſon état changeroit-il ? La force d'inertie qui l'a retenu, tant qu'elle a pu, dans ſon repos, & qu'il a fallu vaincre pour lui faire prendre du mouvement, le fait réſiſter enſuite, autant qu'elle peut, à toute variation, & cette réſiſtance doit être vaincue de nouveau par une force poſitive, avant qu'on apperçoive aucun degré de plus ou de moins dans l'état du mobile.

Mais pourquoi la nature s'eſt-elle faite une loi qui n'a jamais ſon effet? ou plutôt, comment avons-nous pû aſſigner aux corps qui ſe meuvent, une conſtance de direction & de vîteſſe, qui ne repréſente pas la nature? Quelqu'un a-t-il jamais vû un mouvement ſans altération, & qui ſe perpétuât ſans avoir beſoin d'être réparé? Le corps le plus mobile, & le plus violemment agité, ne revient-il pas au repos, après un tems plus ou moins long?

Il faut avouer que nous n'avons en notre diſpoſition aucune expérience qui prouve directement, & d'une maniere poſitive, l'énoncé de cette premiere loi.

Mais, 1°. nous avons fait voir ci-deſſus, qu'un corps, en tel état qu'il ſoit, tend à y perſévérer, par une force que nous avons nommée inertie. Ce principe ſuffit pour établir la loi dont il s'agit, puiſqu'en faiſant abſtraction de toute réſiſtance étrangere, lorſqu'une fois un corps eſt en mouvement, on ne voit plus rien en lui qui réſiſte à l'impulſion qu'il a reçûe, ni qui détruiſe l'inertie qui
s'oppoſe

s'oppofe à fon changement d'état.

2°. S'il eft vrai que les corps perdent toujours leur mouvement après
un certain tems , il n'eft pas moins
vrai qu'on connoît toujours des obftacles qui le leur font perdre ; & parce que des réfiftances inévitables ,
(quoiqu'étrangéres ,) font ceffer le
mouvement d'un corps , feroit - ce
une raifon pour conclure que le mouvement eft de nature à ne pouvoir
fubfifter? Ne doit-on pas plutôt juger
tout le contraire , de cela même qu'il
faut abfolument des réfiftances pofiti-
ves pour le faire ceffer? Voyons donc
quelles font les caufes qui font ceffer
le mouvement , & choififfons par
préférence celles qui font tellement
liées avec l'état naturel , qu'elles ne
peuvent être évitées.

1ment Dans quelque endroit , & de
quelque maniére qu'on faffe mouvoir
un corps , il fe trouve toujours dans
quelque fluide qui à cet égard fe
nomme *milieu* , & qu'il eft obligé de
pouffer fans ceffe devant lui pour fe
faire un paffage ; & comme ce milieu
eft matériel , il fait une continuelle
réfiftance au mobile qui tend à le dé-

placer. Celui-ci ne peut donc continuer de se mouvoir qu'en employant
à chaque instant une partie de son
mouvement, pour vaincre cette résistance ; ainsi après un certain tems,
il l'a tout employé, & se trouve réduit au repos.

2^{ment} Tous les corps étant pesans,
aucun d'eux ne peut se mouvoir dans
une direction différente de celle qui
est propre à la pesanteur, s'il n'est
soutenu par une suspension, ou par
un plan, ou bien il glisse dans quelque fluide qui le touche de toutes
parts. De quelque maniére qu'on s'y
prenne, il faut toujours qu'il passe
par les différens points de la surface du
plan qu'il parcourt, ou du milieu qu'il
divise, ou que les piéces qui le suspen-
dent fassent la même chose l'une sur
l'autre. Cette application successive
de surface à surface se nomme *frot-*
tement, & résiste encore au mouvement, car la superficie des corps n'est
jamais parfaitement unie ; les parties
hautes de l'une s'engagent dans les
cavités de l'autre, ce qui fait qu'elles
ne glissent qu'avec quelque difficulté.

La résistance des milieux & celle

qui vient des frottemens, font donc des caufes qui empêchent que la première loi du mouvement ait un plein effet, parce qu'étant inévitables dans l'état naturel, il en réfulte des réfiftances qui détruifent indifpenfablement une partie de la vîteffe des corps à chaque inftant.

Toute machine que l'on fait mouvoir, n'exerce donc jamais fur la réfiftance qu'on s'eft propofé de vaincre, tout le mouvement qu'elle a reçu, puifque les caufes dont nous venons de faire mention, en confument néceffairement une partie. Comme il eft important de fçavoir ce qui doit lui en refter après cette déduction, nous allons expofer ici ce qu'on doit principalement confidérer quand on veut évaluer les réfiftances qui naiffent ou des frottemens, ou des milieux.

ARTICLE PREMIER.

De la réfiftance des Milieux.

LES milieux quoique fluides, réfiftent comme les autres corps par leur inertie qui s'oppofe à leur déplace-

ment ; mais l'inertie , comme nous
l'avons déja dit , eft toujours proportionnelle à la maffe : toutes chofes
égales d'ailleurs , plus le milieu a de
denfité , plus il fait de réfiftance.

Mais la maffe des corps ne dépend
pas feulement de leur denfité , elle
dépend auffi de leur grandeur ; car
une pinte d'eau péfe plus qu'une cho-
pine de la même eau : ainfi le même
milieu en pareilles circonftances réfifte à proportion de la quantité
qu'on en déplace , & cette quantité
doit être méfurée par la furface anté-
rieure du corps qui s'y meut , & par
l'efpace qu'on lui fait parcourir. Si je
divife l'eau ou l'air avec le plat de la
main ; à chaque inftant j'en déplace
beaucoup plus que fi je les divifois
en tems égal , feulement avec le tranchant de la même main , & je trouve
auffi plus de refiftance.

La maffe de cette portion du milieu qu'on doit déplacer , étant déter-
minée par fa denfité , par la grandeur
de la furface folide qui la pouffe, elle
doit l'être encore par la vîteffe du mobile ; car on conçoit bien que fi je fais
mouvoir ma main dans l'eau , de la

longueur de deux pieds dans une seconde , je déplace une plus grande
quantité du fluide, que si dans un tems
égal ma main n'avoit parcouru qu'un
espace d'un pied. Or une plus grande
quantité d'eau fait une plus grande
masse, qui résiste plus, & l'inertie s'oppose à une plus grande vîtesse , comme elle s'est opposée au premier degré qu'on a fait prendre au fluide qui
céde. Les expériences suivantes feront preuves de ce que nous venons
d'établir touchant la résistance des
milieux , & acheveront d'éclaircir ce
que nous en avons dit.

PREMIERE EXPERIENCE.

PRÉPARATION.

On a divisé en deux parties égales
une espéce de baquet ou d'auge , par
une cloison qui s'étend d'un bout à
l'autre, pour mettre de l'eau d'un côté,
& laisser l'autre plein d'air seulement.
Une double potence qui s'éléve sur
le milieu de la cloison , suspend deux
verges de la même longueur , aux
bouts desquelles sont attachées deux
boules de métal , qui sont semblables

par leurs poids & par leurs volumes,
& qui peuvent, lorſqu'on les met en
mouvement, aller & revenir chacune
dans la partie du baquet, à laquelle
elle répond. Voyez la *Fig.* 4.

Effets.

Les deux boules partant en même-
tems avec des quantités égales de
mouvement ; celle qui ſe meut dans
l'eau perd toute ſa vîteſſe en 4 ou 5
ſecondes, au lieu que l'autre dont
les balancemens ſe font dans la partie de l'auge qui ne contient que de
l'air, conſerve fort long-tems ſa vîteſſe, & ne la perd entiérement
qu'après un très-grand nombre de
vibrations.

Explications.

· Les deux boules étant de même
métal, & ayant des volumes égaux,
comme on le ſuppoſe, ont néceſſairement des maſſes égales, & lorſqu'elles commencent à décrire des arcs
ſemblables aux bouts de deux verges
d'égales longueurs, leurs vîteſſes ſont
auſſi ſemblables, comme nous le ferons voir dans la ſuite. Ainſi puiſque

le mouvement se mesure par la masse
& par la vîtesse , les deux boules de
notre expérience commencent à se
mouvoir avec pareilles quantités de
mouvement. Dans le premier instant
chacune d'elles déplace un égal volume du fluide dans lequel elle se
meut ; mais le volume d'eau déplacé
par F, est environ 800 fois plus dense que l'air poussé par G. Ces deux
mobiles ont donc déployé leurs forces sur des résistances bien inégales ,
puisqu'elles sont dans le rapport de
1 à 800 ; ainsi la boule F n'a point pû
passer outre qu'elle n'ait consumé une
partie de sa force , qui égale 800 fois
celle que la boule G a perdue de la
sienne. Ce qui se fait dans le premier instant recommence dans l'instant suivant , & les vîtesses des deux
mobiles diminuent ainsi , avec une
différence à-peu-près proportionnelle à celle des milieux , jusqu'à ce
qu'enfin l'un & l'autre soient entiérement reduits au repos.

APPLICATIONS.

M. Newton a démontré qu'un
corps sphérique qui se meut dans un

milieu tranquile , & d'une denfité
égale à la fienne , perdoit la moitié
de fon mouvement avant que d'avoir
parcouru un efpace égal en longueur à deux de fes diamétres. Qu'on
fe rappelle ici les principes que nous
avons établis ci-deffus , & que nous
venons de confirmer par l'expérience
précédente ; on concevra facilement
comment on peut foumettre à un
calcul exact la réfiftance qu'un fluide
peut faire au mouvement d'un corps
folide qui y eft plongé. Car fuppofez
que ce foit une boule d'or qui fe meuve en ligne droite dans l'eau, ce qu'elle
déplace équivaut à un cylindre dont
la bafe a pour diamétre celui de la
boule , & pour axe la ligne que fon
centre décrit. On fçait quel eft le rapport des denfités de l'or & de l'eau ;
on fçait auffi quel eft le rapport d'u-
ne boule à un cylindre , d'un diamétre , & d'une hauteur donnée. Toutes ces quantités étant donc connues , on peut juger de la réfiftance
que l'eau oppofe à la boule pendant
qu'elle parcourt tel ou tel efpace :
& en comparant ce qu'elle a perdu
de fa vîteffe , avec ce qu'elle avoit en
commençant

commençant à fe mouvoir, on peut
juger de ce qui lui en refte.

Nous avons déja dit, que pour
évaluer la réfiftance des fluides, il
falloit avoir égard auffi à la vîteffe
du mobile. Il n'y a point de milieu fi
divifible, qui n'exige un tems fini
pour céder. Nous trouvons ordinairement ce tems fort court, parce
que les vîteffes que nous employons
pour les divifer ne font point fort
grandes; & la comparaifon que nous
faifons du tems employé contre
eux, à celui avec lequel ils obéiffent,
nous fait porter ce jugement dont on
revient quand on confidére certains
effets qu'on ne peut expliquer qu'en
fuppofant qu'on n'a point donné au
fluide le tems de céder. Pourquoi,
par exemple, les coups de rames
font-ils avancer un bateau ? & pourquoi le font-ils avancer d'autant plus
vîte qu'ils font plus prompts & plus
fréquens ? c'eft que lorfqu'on frappe
l'eau plus vîte qu'elle ne peut céder,
elle devient par cette lenteur à obéir
le point d'appui d'un levier que le
batelier fait agir. Les poiffons font
avec leurs queues ce que le batelier

fait avec ſes rames , le nageur avec
ſes bras & ſes jambes , les oiſeaux
aquatiques avec leurs pieds , qui pour
cet effet ſont conformés d'une maniére propre à pouſſer un grand volume
d'eau.

II. EXPERIENCE.

PREPARATION.

H I , *Figure* 5. repréſente un mouvement d'horlogerie, dont le modérateur eſt un volant à deux aîles, 1, 2;
on monte le reſſort avec une clef, &
la piéce *K* eſt un levier qui ſe meut
de gauche à droite , & de droite à
gauche , pour mettre le rouage en
jeu , ou pour l'arrêter. On poſe cet
inſtrument ſur la platine de la machine pneumatique, que nous avons repréſentée entiére dans la *Figure* 1ᵉ. *de
la* 2. *Leçon* ; & on le couvre d'un récipient de verre garni par le haut
d'une tige de métal *L* , qui paſſe à
travers d'une virolle de cuivre pleine
de cuirs gras , & avec laquelle on
peut mener le levier *K* , ſans laiſſer
rentrer l'air , quand on a fait le vuide dans le récipient. Voyez la *Figure* 6.

EFFETS.

Lorſqu'on met le rouage en jeu
dans le vuide , on s'apperçoit par la
fréquence des coups de marteaux
qui battent ſur le timbre , que le
mouvement du rouage eſt beaucoup
plus libre que quand le récipient eſt
plein d'un air ſemblable à celui de
l'atmoſphére.

EXPLICATIONS.

Ce qu'on nomme communément
le vuide de Boyle , n'eſt autre choſe
qu'un eſpace où l'on a raréfié l'air
autant qu'il eſt poſſible , par le moyen
de la machine pneumatique , que ce
Philoſophe Anglois a beaucoup per-
fectionnée ; mais nous ferons voir ,
(& tous les Phyſiciens en conviennent) que ce vuide n'eſt qu'un milieu moins denſe , que celui où nous
voyons la plûpart des corps ſe mouvoir. Dans l'un & dans l'autre de
ces deux milieux, c'eſt-à-dire, dans
l'air ordinaire & dans l'air raréfié ,
le rouage n'a point une entiére liberté , parce qu'indépendamment
des autres cauſes , le volant a tou-

jours quelque réſiſtance à vaincre
pour ſe mouvoir dans le fluide qui
l'environne. La réſiſtance de ce fluide eſt proportionnelle à ſa denſité;
& par cette raiſon dans un air moins
denſe , le modérateur moins gêné
lui-même , laiſſe plus de liberté aux
roues, & procure plus de fréquence
aux marteaux.

APPLICATIONS.

On voit par cette expérience, que
l'air eſt un milieu réſiſtant qui ſe comporte à l'égard des corps en mouvement, comme tous les autres fluides;
à cela près, qu'étant beaucoup moins
denſe que la plûpart d'entre eux, il
réſiſte moins en pareilles circonſtances ; c'eſt pourquoi pour trouver un
point d'appui, dans ſa réſiſtance ,
comme nous avons vû qu'on en
trouve dans celle de l'eau , il faut le
frapper avec bien plus de vîteſſe , ou
bien en pouſſer un plus grand volume en même-tems. Les oiſeaux s'élévent, ſe ſoutiennent, & font de longs
trajets dans l'air , malgré le poids de
leur corps qui excéde toujours conſi-
dérablement celui du milieu qu'ils

occupent. Ceux qui volent long-
tems & fort loin, comme les hiron-
delles, la plûpart des oiseaux de
proie, plusieurs aquatiques, &c. ont
ordinairement peu de corps, beaucoup de plumes, & des aîles fort
grandes; ceux au contraire qui ont
un vol plus court ou moins fréquent,
ont d'ordinaire plus de chair, & des
aîles plus petites par proportion.
Mais si l'on y fait attention, on remarquera que ceux-ci battent plus
promptement que les autres en volant; les moineaux, pinçons, char-
donnerets, linotes, &c. volent comme par sauts, & ne se soutiennent
point long-tems dans une même direction; leurs aîles ne peuvent élever & soutenir le corps que par une
vitesse à laquelle ils peuvent à peine
fournir quelques instans : pendant
qu'ils se reposent pour recommencer,
leur propre poids les gagne, & leur
fait perdre une partie de l'élévation
précédemment acquise ; c'est pourquoi leur vol n'est qu'une suite d'é-
lancemens.

Il y a des oiseaux qui se soutiennent
pendant quelque tems à la même élé-

vation, fans paroître mouvoir les aîles, (ce qu'on nomme *planer*;) on
doit fuppofer qu'elles fe meuvent
pourtant, mais que leurs vibrations
font fi promptes & fi courtes, qu'on
ne peut les appercevoir à une certaine diftance. La grande vîtefse de
ce mouvement peut fuppléer pendant quelque tems à des battemens
plus ouverts; & l'on remarque auffi
que les oifeaux qui planent, font
obligés de tems en tems de regagner
par un vol ordinaire la hauteur qu'ils
ont perdue infenfiblement, & de repofer, pour ainfi dire, par des mouvemens plus lents & plus étendus,
les mufcles dont le reffort a été trop
tendu pendant ces vibrations courtes
& fréquentes.

On voit par-là pourquoi les oifeaux domeftiques, ou ceux qui s'en
graiffent beaucoup en certaines faifons, volent fi peu ou fi mal. A mefure qu'ils augmentent en maffe, il
faudroit auffi que leurs aîles devinffen
plus grandes, pour embraffer un plu
grand volume d'air, ou que leurs for
ces augmentaffent par proportio
pour les faire agir avec plus de vîte

222

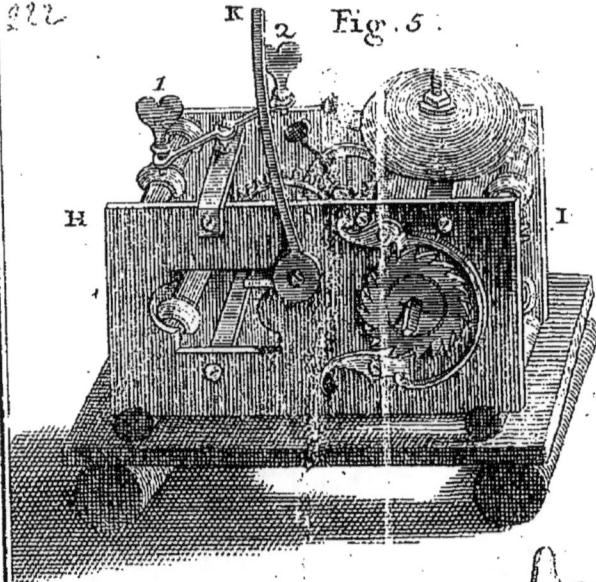

K 2 Fig. 5.

1

H I

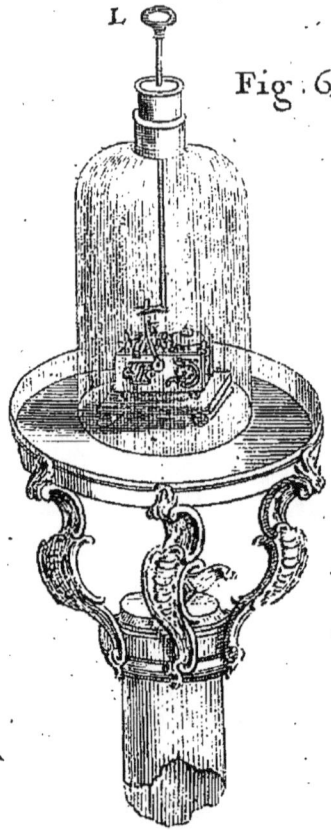

L

Fig. 6.

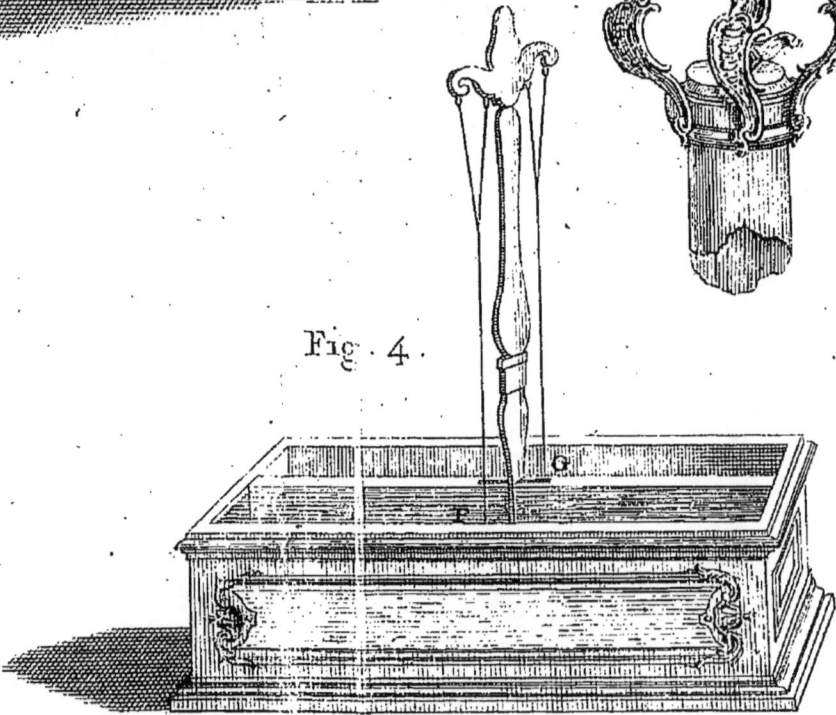

Fig. 4.

G

F

ſe: mais le degré de force , & la conformation dans chaque eſpéce , ne
ſont pas variables comme l'embon-
point.

Que l'on compare maintenant le
poids d'un homme avec la force qu'il
lui faudroit avoir dans les bras , pour
mouvoir des aîles d'une grandeur
proportionnée à ſa maſſe , avec une
vîteſſe capable de le ſoutenir en l'air ,
& l'on verra quelle a été la folie de
ceux qui ont cherché les moyens de
voler , & qui les ont regardés comme poſſibles. Envain s'imagineroit-
on qu'il ne faudroit que de la dexté-
rité & de l'exercice ; il feroit facile
de faire voir que les bras d'un homme le plus robuſte & le plus exercé, ne ſont pas capables d'un effort
ſuivi , qui pût produire un tel effet.

III. EXPERIENCE.

PREPARATION.

L'inſtrument que repréſente la *Fig.*
7. eſt un double moulinet dont les
aîles en même nombre pour chacun,
ſont auſſi de même poids, de même
largeur, & de même longueur ; avec

T iiij

cette différence, qu'à l'un des deux le plan de chaque aîle peut s'incliner à l'axe, de telle façon que l'on veut: un même reſſort qui ſe détend quand on baiſſe un bouton qu'on voit en M, pouſſe également deux petites broches N N, qui ſont fixées aux moyeux des moulinets; ainſi en obéiſſant tous deux à cette impulſion commune, ils commencent à ſe mouvoir avec des vîteſſes égales.

EFFETS.

Si toutes les aîles des moulinets ſont dans des poſitions ſemblables relativement à leurs axes, par exemple, ſi dans l'un & dans l'autre le plan de chaque aîle eſt parallele à l'axe commun, le mouvement imprimé par le reſſort dure également dans tous les deux; ils ſont un pareil nombre de tours, & finiſſent enſemble de ſe mouvoir. Si au contraire dans l'un des deux moulinets la largeur des aîles tombe ſur l'axe à angles droits, ou (ce qui eſt la même choſe) que leurs plans ſe trouvent tous dans celui d'un même cercle; alors la même impulſion fait tourner celui-ci

bien plus vîte & beaucoup plus long-
tems que l'autre.

EXPLICATIONS.

Dans le premier cas de l'expérience précédente, les aîles de chaque
moulinet se présentent de face au
milieu commun qu'elles ont à déplacer pour se mouvoir : elles ne différent d'ailleurs par aucune circonstan-
ce, comme on le suppose ; elles
éprouvent donc en même-tems des
résistances égales ; elles perdent par
conséquent pareilles quantités de
forces dans les mêmes instans; quand
la vîtesse manque tout-à-fait à l'un
des deux moulinets, elle doit pareillement manquer à l'autre. Tout au
contraire dans le second cas, l'un des
deux moulinets présente ses aîles de
champ; dans cette position ce ne sont
plus que des lames qui divisent facilement l'air, & qui n'éprouvent plus
à beaucoup près la même opposi-
tion de sa part, puisque le volume
qui doit se déplacer est beaucoup
moindre : ainsi celui qui dans des
tems égaux perd moins de sa force,
doit tourner plus vîte & plus long-
tems que l'autre.

APPLICATIONS.

Cette derniére expérience fait voir qu'une même masse peut éprouver des résistances différentes dans le même milieu, selon qu'elle lui présente directement une surface plus ou moins grande. Le batelier fait agir sa rame par le plat, quand il cherche un point d'appui dans la résistance de l'eau ; mais il la reléve par le tranchant pour se moins fatiguer, quand il veut se mettre en état de recommencer.

C'est par la même raison, qu'un corps conserve ordinairement mieux son mouvement lorsqu'il est entier, que s'il est divisé ; car la division multiplie les surfaces, & par conséquent la résistance du milieu. Quand une once de plomb sort d'un fusil, sous quelque quantité de surface qu'elle soit, l'impulsion de la poudre qui détermine sa vîtesse est la même ; cependant tout le monde sçait qu'une balle est toujours portée beaucoup plus loin qu'une pareille quantité de plomb en grains : cette différence vient de la résistance de l'air qui agit en raison des surfaces ; car chaque petit grain de plomb ainsi que la balle, présente toujours à l'air qu'il divise la moitié de sa superficie sphérique ; & à poids égaux, la somme des petites surfaces hémisphériques du plomb grainé, excéde beaucoup celle d'une seule balle.

Comme il arrive souvent qu'on ne compte point assez sur la résistance du milieu, quelquefois aussi le préjugé lui en prête plus qu'il n'en a. Qui est-ce qui n'a pas oui dire, par exemple, qu'un coup de fusil qui passe au-dessus de l'eau, ou qui traverse d'un bord à l'autre d'une riviére ou d'un étang, ne porte pas le plomb aussi loin que par-tout ailleurs ? La raison qu'on en donne en disant que la vapeur de l'eau épaissit l'air, a bien quelque vraisemblance ; mais on la fait trop valoir, quand on attribue des effets sensibles à ce prétendu épaississement de l'air. L'expérience précédente a fait voir qu'on ne fait varier considérablement sa résistance qu'en faisant naître des différences considérables dans la densité ; & des épreuves que j'ai plusieurs fois repétées avec foin, m'ont appris que le fait en queftion eft pour le moins une exagération. Si quelqu'un s'eft apperçu qu'il n'atteignoit point les objets étant fur l'eau, comme lorf-qu'on tire ailleurs, c'eft qu'il a été trompé par la diftance, qui nous pa-roît toujours moindre quand nous ne voyons qu'une étendue trop unifor-me, & que nous n'y trouvons pas d'objets qui nous aident à l'eftimer. Ainfi il ne feroit pas furprenant qu'on eût manqué de tuer à 60 pas un oi-feau, qu'on croyoit tirer à 50; mais la denfité du milieu augmentée par la vapeur de l'eau auroit bien peu de part à cet effet.

Jusques ici nous avons confidéré le milieu comme tranquile; mais s'il eft agité, fa réfiftance fera augmen-tée ou diminuée par fon propre mou-vement. Le poiffon qui remonte le courant d'une riviére, a deux réfif-tances à vaincre : l'une eft le mouve-ment de l'eau dont la direction eft contraire à la fienne; l'autre eft l'iner-tie du volume auquel il répond, & qu'il doit déplacer comme il feroit dans une eau dormante. Un homme

qui marche contre le vent , a la même chofe à faire ; & c'eft pour cette
raifon, que quand on fait mouvoir un
corps contre la direction d'un fluide
dont le mouvement eft rapide , on
diminue fon volume autant qu'il eft
poffible pour donner moins de prife
à l'effort du courant. Un vaiffeau qui
a le vent contraire , plie fes voiles ;
& en pareil cas , le batelier fait affeoir
ceux qu'il paffe d'un bord à l'autre de
la riviére.

Si le mobile & le fluide qui lui
fert de milieu, fe meuvent tous deux
dans la même direction ; ou ils ont
des vîteffes égales , ou l'un des deux
en a plus que l'autre : dans le premier
cas, la réfiftance du milieu eft nulle ;
tel eft le mouvement d'un poiffon qui
fuit précifément le courant de l'eau :
dans le dernier cas, celui des deux qui
a le plus de vîteffe en communique à
l'autre aux dépens de celle qu'il a. Un
boulet de canon qui part dans la direction du vent, ne trouve pas autant
de réfiftance dans l'air , qu'il en fouffriroit dans un tems calme ; mais comme il va plus vîte que le vent, il faut
toujours qu'il s'ouvre un paffage dans

ce milieu qui fuit devant lui avec trop de lenteur. Si l'on connoît par les régles que nous avons établies, quelle feroit la réfiftance d'un milieu, s'il étoit en repos ; on connoîtra de même ce que fon degré de vîteffe pour ou contre , ajoute ou diminue à cette réfiftance.

ARTICLE II.

De la réfiftance des frottemens.

POUR fe faire une jufte idée des frottemens , il faut obferver que la furface d'un corps quelconque n'eft jamais parfaitement unie : quand on fuppoferoit que toutes les parties folides qui la compofent font exactement dans le même plan , (& quand cela fe trouve-t-il ?) les pores qui les féparent nous obligeroient encore à nous repréfenter cette fuperficie comme un affemblage de petites éminences & de petites cavités. Suppofons que deux plans de cette efpéce fe touchent dans toute leur étendue , les parties hautes de l'une entreront dans les creux de l'autre , comme il arrive à-peu-près à une pe-

lote couverte de velours, que l'on pose sur un tapis de même étoffe ; ou
bien si c'est un corps solide que l'on
plonge dans un liquide, celui-ci en
conséquence de la ténuité & de la
fluidité de ses parties, se moule exactement dans toutes les cavités de l'autre, comme on peut le remarquer par
l'humidité qu'on y apperçoit quand
il en sort.

S'il s'agit maintenant de faire parcourir à un corps la surface d'un autre corps, cela peut s'exécuter de
deux maniéres différentes qu'il est
important de bien distinguer: 1°. En
appliquant successivement les mêmes
parties de l'un à différentes parties
de l'autre, comme quand on fait
glisser un livre sur une table : & nous
nommerons ce frottement, celui de
la premiere espéce. 2°. En faisant
toucher successivement différentes
parties d'une surface à différentes
parties d'une autre surface, comme
lorsqu'on fait rouler une boule sur un
billard : & nous nommerons ce dernier frottement, de la seconde espéce.

Dans le premier cas, le mouvement
que l'on fait faire à celui des deux

corps qui passe sur l'autre , a une direction perpendiculaire à celle selon
laquelle les parties des surfaces sont
réciproquement engagées. Car selon
notre supposition, la surface que l'on
fait glisser horizontalement , est celle
d'un corps grave que son poids appuye verticalement sur la table ; &
cette espéce de frottement occasionne souvent la rupture de ces petites
éminences qui forment l'inégalité
des superficies ; comme on peut le
remarquer par la poussiére qu'on fait
naître de deux marbres , ou de deux
morceaux de bois dressés , qu'on
frotte l'un sur l'autre un peu rude-
ment.

Dans le second cas , ces mêmes
parties engagées se quittent à-peu-
près comme les dents de deux roues
de montre se défengrennent en rou-
lant l'une sur l'autre : s'il arrive qu'elles aient peine à se quitter , c'est qu'il
y a disproportion entre les parties
saillantes , & les vuides qui les reçoivent ; mais jamais cette derniére espéce de frottement n'est aussi efficace que l'autre , pour rallentir le
mouvement.

L'usage

L'ufage où l'on eft d'enrayer les roues des voitures dans les defcentes rapides , nous fournit un exemple familier des différens effets que produifent ces deux fortes de frottemens. Quand on craint qu'un carroffe , ou une charrette , ne fe précipite en defcendant trop vîte , on empêche les roues de tourner fur leur axe ; alors le même point de la circonférence traîne fucceffivement fur une fuite de points pris fur le terrain ; c'eft un frottement de la première efpece , qui réfifte confidérablement au mouvement de la voiture. Il n'en eft pas de même quand chaque roue tourne à l'ordinaire fur fon effieu ; elle fe déploie fur les différentes parties du plan qu'elle a à parcourir ; fon frottement , quant à fa circonférence , n'eft que de la feconde efpéce ; & fon mouvement beaucoup plus libre, le feroit trop s'il fe trouvoit encore favorifé par une pente trop roide.

Il n'eft pas auffi facile d'eftimer la réfiftance qui vient des frottemens , que celle des milieux confidérés par rapport à leur denfité , au volume & à la vîteffe du mobile qui les dé-

Tome I.   V

place. Le paſſage ſucceſſif d'une ſurface ſur une autre, eſt d'autant plus
retardé, qu'elles ont toutes deux
plus d'inégalités ; mais ce *plus* ou ce
moins varie à l'infini, non-ſeulement
par la nature des corps, mais auſſi
par le degré de perfection qu'ils peuvent recevoir de l'art. Un ouvrier
ne peut jamais dire qu'il a poli également deux morceaux du même
bois, du même métal, de la même
pierre, &c. & quand il auroit une régle certaine pour s'en aſſûrer, on ne
pourroit pas compter ſur la conſtance de cet état ; toutes les matiéres
s'uſent & s'altérent peu à peu, &
ces accidens dont on ne peut guéres
eſtimer la valeur, augmentent quelquefois, & plus ſouvent diminuent
le poli des ſurfaces.

Les autres quantités qui entrent
dans l'évaluation des frottemens, la
grandeur des ſuperficies, la preſſion
qu'elles ont l'une ſur l'autre, leur degré de vîteſſes, ſont des choſes plus
faciles à meſurer ; mais comme leur
valeur eſt relative à l'état actuel des
ſurfaces, il reſte toujours beaucoup
d'incertitude dans l'eſtimation des

refiftances qui en refultent. On fe contente pour l'ordinaire d'un à-peu-près
qui fouvent n'en eft point un, en
fuppofant qu'un tiers de la puiffance,
ou dû mouvement imprimé à une
machine , eft employé à vaincre les
frottemens ; mais on voit bien que
cela doit s'entendre d'une machine
en grand , & qu'il doit y avoir beaucoup de varieté , fuivant fon degré
de fimplicité , & felon la perfection
des piéces qui la compofent.

Quelques Phyficiens * ont prétendu que la grandeur des furfaces n'entroit pour rien dans le frottement ,
& qu'on ne devoit avoir égard qu'au
degré de preffion. « Un corps, difent-
» ils, qui a plus de largeur que d'épaif-
» feur, ne doit pas faire plus de réfif-
» tance quand on le traîne fur fa plus
» grande furface, que lorfqu'il frotte
» par fon côté le plus étroit; parce
» que la preffion qui vient de fon
» poids, étant la même dans l'un &
» dans l'autre cas ; fi dans le premier
» il y a plus de parties engagées, el-
» les le font moins profondément
» que dans le fecond. »

Ce raifonnement , qui ne conclue-

* M. Amon-
tons, hift. de
l'Acad. des
Sc. 1699.p.
104. Exp.
de M. de la
Hire. ibid.

V ij

roit pas feul, & auquel on peut en oppofer bien d'autres *, a été appuyé de quelques expériences très-ingénieufes, & en apparence très-favorables à l'opinion qu'on vient d'expofer ; mais dans une matiére comme celle-ci, où l'on ne peut pas tirer des conféquences du particulier au général, il faut fe régler fur ce qui arrive le plus ordinairement. Des épreuves réitérées m'ont prefque toujours fait voir, comme à M. Muf-chenbroek qui en a fait beaucoup en ce genre, qu'il falloit compter les furfaces pour quelque chofe, pour beaucoup moins cependant que les preffions ; quant aux rapports des unes & des autres avec les effets, je n'ai rien trouvé d'affez conftant pour en pouvoir faire le fondement d'une exacte théorie.

Outre la preffion & la grandeur des furfaces, on doit encore faire entrer la vîteffe dans l'évaluation des frottemens ; car comme cette forte de réfiftance vient des parties engagées qu'il faut rompre, ou qu'on ne peut dégager qu'en faifant céder la preffion qui tient les furfaces appli-

* V. l'hift. de l'Acad. des Scienc. de 1703. p. 108. & f.

quées l'une à l'autre ; il est évident
que la somme des résistances doit
être d'autant plus grande , que le
corps frottant aura plus de chemin
à faire dans un tems déterminé ; parce qu'alors il faut que les parties engagées se rompent en plus grand
nombre, ou se dégagent plus fréquemment.

Mais une chose très-remarquable ,
c'est que cette augmentation de résistance qui vient de la vîtesse avec
laquelle on fait frotter les surfaces ,
a ses bornes , au-delà desquelles on
peut accélérer le mouvement , sans
que les frottemens en deviennent plus
considérables ; ainsi l'on peut dire
en quelque façon , qu'en augmentant
la cause on n'augmente plus son effet ; paradoxe qui mérite d'être expliqué.

Supposons que *D E* , & *F G* , *Fig.*
8. représentent deux surfaces de corps
durs , dont les inégalités insensibles
soient engrennées les unes dans les
autres ; que la pression qui les joint ,
agisse dans la direction *A B* , perpendiculaire à celle du mouvement qui
fait glisser ces deux corps l'un sur l'au-

tre. On voit bien que celui de deffus ne peut fe mouvoir felon la direction *B C*, à moins que fes parties les
plus élevées *e*, *f*, *g*, *h*, ne fe dégagent des creux dans lefquels elles
font enfoncées, ce qui ne fe peut faire qu'autant que le corps entier *D E*,
fera foulevé contre l'effort de la preffion. Si cette preffion eft affez grande pour faire retomber ces parties qui
ont été dégagées, dans les creux qui
fuivent immédiatement ceux qu'elles
ont quittés, c'eft-à-dire, que la partie *e*, fortant du 1 retombe au 2, au
3, &c. il eft vifible que l'effort qu'il
faudra faire pour foulever le corps
D E, ou (ce qui eft la même chofe) pour défengrenner les parties, fe
répetera autant de fois qu'il y a de ces
petites élévations à la furface *FG*;
& plus le corps frottant fera de chemin dans un tems donné, fur celui
auquel il eft appliqué, plus ces fou-
lévemens & ces rechûtes auront lieu:
ainfi la réfiftance des frottemens augmente par la vîteffe, tant que cette
vîteffe n'empêche pas que les parties
hautes d'une furface fe logent fucceffivement dans toutes les parties

baſſes de l'autre ſurface, de la maniére qu'on vient de l'expoſer.

Mais il peut arriver que le mouvement qui ſe fait ſelon la direction
B C, ſoit ſi rapide, que lorſque les
parties ſaillantes *e*, *f*, *g*, *h*, ont été
dégagées, elles ſoient entraînées d'u-
ne quantité conſidérable avant que la
preſſion les engage de nouveau ; que
la partie *e*, par exemple, ayant quitté
le 1. creux de la ſurface *F G*, au lieu
de retomber dans le 2, ſoit tranſ-
portée juſqu'au 3, ou juſqu'au 4, &
alors on conçoit aiſément que le
corps frottant *D E*, pourra parcourir 2. ou 3. fois autant de ſurface ſur
FG, ſans cependant que ſes parties y
ſoient plus fréquemment engagées.

Les expériences que je vais rapporter, feront voir ce qui m'a paru
invariable dans les frottemens ; 1°.
Que le frottement de la premiére eſpéce fait beaucoup plus de réſiſtance, que celui de la ſeconde. 2°. Que
le frottement augmente par l'augmentation des ſurfaces, toutes choſes égales d'ailleurs. 3°. Que la preſſion fait croître auſſi la réſiſtance du
frottement, de quelque eſpéce qu'il

foit. 4°. Qu'à proportions égales, la
réfiftance des frottemens augmente
plus confidérablement par les preffions que par les furfaces.

PREMIERE EXPERIENCE.

PREPARATION.

La *Figure* 9. repréfente un inftrument compofé, 1°. de quatre rouleaux, 1, 2, 3, 4, fufpendus par
des pivots très-fins dans deux doubles montans *P P* ; 2°. d'un autre rouleau plus grand que les précedens,
& dont l'axe *O O* a dans toute fa longueur environ deux lignes $\frac{1}{2}$ de diamétre, & fe termine par deux pivots
d'acier, qui roulent dans deux vis *QQ*,
percées felon leur longueur, ou bien
fur les deux interfections des deux
paires de rouleaux ; un reffort fpiral
fixé d'une part à l'un des doubles
montans, & de l'autre à l'axe de ce
dernier rouleau, le fait tourner alter-
nativement fur deux fens, & l'on compte la durée du mouvement du rouleau par le nombre des vibrations du
reffort : 3°. d'une piéce *R*, repréfentée feule par la *Fig.* 10. qui repofe fur
l'axe

l'axe du rouleau, tantôt par une furface *s*, tantôt par deux autres *t t*,
femblables à *s*, & au bout de laquelle on attache un ou plufieurs petits
poids, pour augmenter la preffion
fur l'axe. Quand on tend le reffort,
on avance le levier *V*, pour appuier
un des croifillons du grand rouleau,
afin d'être fûr du degré de tenfion, &
pour le détendre avec juftesse.

On met d'abord les pivots du rouleau dans les trous des vis *Q Q*, &
enfuite on les fait repofer fur les interfections des rouleaux, fans char-
ger l'axe de la piece *R* ; & dans l'une
& dans l'autre épreuve, on a foin que
le reffort foit tendu également.

E F F E T S.

Le reffort ayant été détendu, fi dans
le premier cas on a compté 29 ou
30 vibrations avant que le mouvement ceffe entiérement ; dans le fecond on en compte environ 400, dont
chacune dure près d'une feconde.

E X P L I C A T I O N S.

L'expérience précédente confidérée dans les deux faits qu'elle établit,

Tome I. X

prouve visiblement que les frotte-mens, de quelque sorte qu'ils soient, détruisent le mouvement par une ré-sistance qui ne diffère que du plus au moins. Mais elle fait voir en même tems, que des deux espéces de frottemens que nous avons distinguées, la première a des effets bien plus considérables que l'autre : quand les pivots tournent dans les vis percées, c'est un frottement de la première sorte ; toute leur surface cylindrique passe successivement sur la partie inférieure de chacun des trous: quand au contraire ces mêmes pivots font tourner par leur mouvement les rouleaux qui les portent, ce n'est plus qu'un frottement de la seconde espéce ; car alors la circonférence des uns ne fait plus que se développer sur celle des autres ; la partie qui a touché, ne touche plus l'instant d'après, & celle qui la précéde lui sert de point d'appui, pour se dégager suivant une direction favorable, comme la dent d'une roue qui commence à engrenner le pignon, favorise le désengrenage de celle qui avoit engrenné avant elle.

APPLICATIONS.

Rien n'est si commun que les effets du frottement ; on les rencontre par-tout, & l'on peut dire en général que c'est la principale cause des altérations & du dépérissement que nous remarquons dans tous les ouvrages de l'art, & sur-tout dans ceux dont nous faisons un fréquent usage : Les habits, les meubles, les bijoux, les instrumens, &c. ne durent qu'un certain tems, parce que les frottemens, ausquels ils sont continuellement exposés, changent insensiblement les surfaces & les formes, & leur font perdre les qualités qui en dépendent. Les matiéres les plus dures & les plus solides, ne tiennent point contre un long service sans donner des marques de diminution ; un rasoir, un couteau, une hache perdent bientôt le fil de leur tranchant; Le soc d'une charrue a besoin d'être réparé de tems en tems ; & le cheval dont le pied glisse sur le pavé, y laisse une trace où les yeux les moins attentifs ne peuvent méconnoître les parties de son fer, que le frottement

X ij

y a fait refter. Mais comme rien ne
s'anéantit dans l'univers , toutes ces
particules ainfi détachées de leurs
maffes, fe mêlent avec différentes matiéres , dans lefquelles elles fe retrou-
vent lorfqu'on y penfe le moins. De
bons Phyficiens ont été furpris de
trouver du fer dans l'argile, & dans la
cendre des plantes , parce qu'ils ne
faifoient point affez d'attention à la
prodigieufe divifibilité des métaux en
général , & en particulier à la difper-
fion continuelle qui fe fait des parties de celui-ci, tant par les outils
que l'on ufe à cultiver la terre , que
par une infinité d'autres ufages qui le
mettent en état d'être répandu par
tout. D'autres plus attentifs à cette
grande & continuelle confommation
des ouvrages de fer, l'ont reconnu,
ce métal, dans la boue des grandes
villes , & lui ont attribué la couleur
noire qu'elles ont , & dont il eft très-
vraifemblablement la caufe. Si l'or
étoit auffi commun que le fer , &
qu'on en fît un ufage auffi fréquent
& auffi étendu, ne doutons pas qu'on
ne le rencontrât de même dans toutes les matiéres où l'on prendroit la

peine de le chercher avec foin : mais
celui qui l'auroit trouvé quelque part
que ce pût être , feroit-il en droit de
dire qu'il a fait de l'or ? pas plus , ce
me femble , que celui qui trouvé aujourd'hui du fer dans la cendre , ne
peut fe vanter d'avoir fait du fer. Parmi tous ces fameux Adeptes qui ont
enrichi le monde de leurs promeffes,
s'il s'eft trouvé quelque faifeur d'or
qui le fût de bonne foi, c'eft que dans
un grand nombre de matiéres paffées
au creufet, il fe fera trouvé par hazard
quelque parcelle d'or qui ne devoit
rien autre chofe à l'opération de l'ar-
tifte , que de l'avoir féparée des corps
étrangers dans lefquels elle étoit cachée. Faire de l'or de cette maniére
me paroît une chofe poffible , mais
je doute fort qu'on en fît affez pour
payer la dépenfe du charbon.

Si les frottemens nuifent en beaucoup d'occafions , il y en a bien d'autres auffi où nous les mettons à profit ; les arts ont fçû tourner à leur
avantage , jufques aux chofes même
qui femblent oppofées à leur progrès. Une lime n'eft autre chofe qu'u-
ne furface hériffée exprès de pointes

X iij

& de tranchans ; son frottement sur les matiéres les plus dures , est un moyen très-commode de les figurer à son gré par une diminution de volume bien ménagée ; aussi cet outil est-il en usage dans un grand nombre de métiers. L'ouvrier intelligent qui l'employe , tire du même moyen différens avantages suivant les modifications qu'il y met. Tantôt pour gagner du tems , il fait agir une lime dont l'âpreté exige plus de force de sa part ; tantôt il la choisit d'une taille plus fine, pour adoucir ce que la premiére n'a fait qu'ébaucher ; & enfin quand la plus douce de ses limes ne l'est point encore assez, il la frotte d'huile qui retient les parties du métal à mesure qu'elles se détachent ; par ce moyen les petits creux de l'outil se remplissent , de façon que ses pointes en deviennent plus courtes , & sa surface moins rude.

Ce que nous disons des limes, doit s'entendre des meules & autres pierres à aiguiser , qui n'en différent, quant à l'effet du frottement, que par une plus grande dureté.

Les compas, & généralement tous

les inftrumens à charniéres, qui doivent refter ouverts ou fermés à différens degrés, tiennent pour l'ordinaire cette propriété d'un frottement
bien égal; & l'on gagne beaucoup de
tems dans l'ufage qu'on en fait, quand
on n'eft point obligé de les fixer par
d'autres moyens, comme lorfqu'on
les arrête avec des vis ou autrement.

On diminue la réfiftance des frottemens, en enduifant les furfaces de
quelque fluide ou de quelque matiére graffe. On frotte de favon les bords
d'une boëte dont le couvercle tient
trop; on met de l'huile aux charniéres pour en faciliter le jeu; on graiffe
les moyeux des roues en-dedans; ce
font autant de moyens par lefquels
on remplit les inégalités les plus grof-
fiéres des furfaces, & qui par conféquent les rendent plus liffes & plus
propres à gliffer l'une fur l'autre. D'ailleurs les parties de ces fluides ou de
ces corps gras interpofés, changent
l'efpéce du frottement : ce font autant de petits globules qui roulent
entre les furfaces, qui leur fervent
de véhicule commun, & qui font en
petit ce que nous voyons d'une ma-

X iiij

niére plus fenfible, quand on met des rouleaux fous une pierre, ou fous une poutre, pour en faciliter le tranfport.

II. EXPERIENCE.

PRÉPARATION.

On laiffe les pivots du grand rouleau fur les interfections des 4 petits: & l'on tend le reffort au même degré que dans l'expérience précédente. On fait d'abord pofer la piéce *R* fur l'axe du grand rouleau par une feule furface *s*, & avec fon propre poids feulement ; & enfuite on la retourne pour faire porter les deux furfaces *tt*, fans augmenter le poids, & l'on compte les vibrations dans l'un & dans l'autre cas.

EFFETS.

Lorfque le frottement fe fait par une feule furface, comme dans le premier cas, on compte 40 vibrations; lorfque la furface qui frotte eft double, comme dans le fecond, on n'en compte plus que 29 $\frac{1}{2}$; toutes chofes étant égales d'ailleurs, ainfi qu'on l'a fuppofé.

E X P L I C A T I O N S.

L'inégalité des surfaces étant la cause premiére des frottemens, il est bien plausible qu'en augmentant l'étendue qui frotte, on doit faire croître aussi le nombre de ces inégalités : s'il se trouve quelque cas où cela n'arrive point sensiblement, ce sera sans doute une exception dûe à la disposition particuliére des superficies, ou bien lorsqu'on employera une si grande quantité de mouvement, que la résistance des frottemens deviendra trop peu considérable pour être mesurée, & par conséquent pour être comparée. Mais comme dans les grandes machines, où les frottemens sont d'une bien plus grande conséquence qu'ailleurs, les piéces ont toujours des surfaces assez rudes, nous croyons qu'on ne doit point négliger la quantité de leur étendue. On voit cependant par l'expérience précédente, que la résistance des frottemens, quoique dépendante en partie de la grandeur des surfaces, ne la suit pas dans toutes ses proportions. Dans l'un des deux cas cités la super-

ficie étant double , les frottemens ne
font point doublés : & il seroit très-
difficile , pour ne rien dire de plus ,
de déterminer le rapport de ces résistances avec une quantité de surface donnée.

APPLICATIONS.

Les frottemens considérés en raison des surfaces , retardent la vîtesse
de tous les corps indifféremment ;
nous venons de le prouver pour les
solides , & l'on peut remarquer tous
les jours que la même chose se passe
à l'égard des fluides & des liqueurs.
Les jets d'eau ne s'élévent jamais à
la hauteur à laquelle ils devroient
monter , eu égard à leur quantité de
mouvement ; & les riviéres coulent
plus lentement dans le tems des
eaux basses.

L'eau qui est amenée par un tuyau
& qui rejaillit en l'air , éprouve par-
tout du frottement ; la surface inté-
rieure & immobile du tuyau la retarde d'une part , & quand elle passe
dans l'air , elle doit être regardée encore comme dans un autre tuyau ,
dont la surface ne différe de l'autre

que par la rareté & par la mobilité de
fes parties.

Quoique la furface d'un gros tuyau
foit plus grande que celle d'un plus
étroit , elle eſt cependant moindre
relativement à fa capacité ; car c'eſt
une choſe démontrée, que celui qui
a 2 pouces de diamétre (nous parlons de tuyaux ronds & cylindriques)
contient quatre fois plus d'eau que
celui dont le diamétre n'eſt que d'un
pouce ; & que la circonférence du
premier n'eſt que deux fois auſſi grande que celle du dernier. On voit par-
là que dans de pareils tuyaux , le
frottement qui vient des furfaces, diminue à meſure qu'on augmente la
capacité ; puiſque ſi le volume d'eau
qui eſt quadruple dans le plus gros ,
étoit contenu dans quatre femblables
au petit , il répondroit à des
furfaces dont la ſomme feroit double
de celle qui le contient. L'expérience eſt tout-à-fait d'accord avec cette
théorie ; car plus on diminue la capacité des tuyaux dans les pompes ,
dans les aqueducs , dans les fontai-
nes , &c. plus on trouve de retardement dans la vîteſſe des eaux.

C'eſt par la même raiſon, que les riviéres ſont plus rapides dans le tems des grandes eaùx ; les frottemens qu'elles ont à vaincre de la part de leurs lits ſont partagés alors à une maſſe plus conſidérable, & s'oppoſent moins par conſéquent au mouvement du fluide.

III. EXPERIENCE.

PREPARATION.

L'inſtrument étant diſpoſé comme dans l'expérience précédente, il faut que la piéce R repoſe ſur l'axe du grand rouleau par la ſurface s, & attacher en X le petit poids Y qui double la preſſion.

EFFETS.

Dans ce dernier cas on ne compte que 21 vibrations, quoique le reſſort ait été tendu comme dans les épreuves précédentes.

EXPLICATIONS.

Le poids qu'on ajoute augmentant la preſſion, fait croître auſſi le frottement, parce que les parties des furfaces qui s'engagent mutuellement, s'enfoncent bien plus avant , & résistent davantage au mouvement qui tend à les féparer. On voit par cette derniére expérience , qu'une double preffion fait plus qu'une furface augmentée de moitié ; car nous avons vu précédemment, qu'en faifant frotter deux furfaces au lieu d'une , le nombre des vibrations n'a été diminué que d'un quart , & nous voyons maintenant qu'en mettant la preffion double , il ne fe fait plus que 21 vibrations au lieu de 40 , ce qui eft prefque la moitié de diminution.

APPLICATIONS.

Dans les grandes chaleurs les mouvemens d'horlogerie fe rallentiffent fenfiblement ; cet accident qui dérange les pendules & les montres, dépend ordinairement de plufieurs caufes qui concourent au même effet. Il en eft une à laquelle on fait peu d'attention , mais qui mérite cependant d'être comptée comme les autres : c'eft le frottement qui augmente par la preffion à mefure que les piéces s'échauffent. Car on fçait , &

nous le prouverons quand il en fera tems, que les métaux ainfi que toutes les autres matiéres augmentent en volume par le chaud, comme ils diminuent de grandeur par le froid; la même caufe dilatant les platines rend les troux plus étroits, & groffit les pivots, de maniére que par ce double effet, le frottement augmente par preffion, & le mouvement en eft d'autant plus gêné.

Un Tourneur qui façonne un morceau de métal entre deux pointes fixes, eft quelquefois furpris de fentir que fa piéce réfifte au mouvement de l'archet après avoir tourné librement pendant quelques minutes; c'eft que le frottement augmente par la preffion à mefure que le métal s'allonge en s'échauffant : auffi le reméde le plus prompt & le plus en ufage, c'eft de le mouiller avec un peu d'eau pour le refroidir.

Le fervice que l'on tire des pinces, des tenailles, & de tout ce qui eft analogue à ces inftrumens, ne vient encore que d'un frottement augmenté par une forte preffion.

Une remarque qu'il eft à propos

de faire ici, c'est que les machines qui font leur effet en petit, ne le font pas toujours quand on vient à les exécuter en grand, quoiqu'on y garde les mêmes proportions : cela vient pour l'ordinaire de ce que les frottemens ne suivent point dans leur accroissement, la proportion des surfaces seulement, mais plutôt celles des pressions qui augmentent assez souvent, comme le poids ou la solidité des piéces ; c'est-à-dire, par exemple, que si dans le modéle on avoit réduit toutes les dimensions au pouce pour pied, en construisant en grand, le chevron qui auroit 12 pieds de long, & 6 pouces d'écarrissage, peseroit 1728 fois autant que ce qui le représente en petit, s'il est de même matiére. Cette considération qu'on ne peut négliger quand on a des principes, fait quelquefois juger défavantageusement d'une machine dont le succès paroît être assuré par l'expérience même.

De tout ce que nous avons dit & prouvé touchant la résistance des milieux & des frottemens, il faut conclure que dans l'état naturel il ne

peut y avoir aucun mouvement méchanique inaltérable ; 1°. parce qu'un
corps ne peut se mouvoir que dans
un espace , & qu'il n'y a aucun lieu
parfaitement vuide de toute matiére;
2°. parce qu'un corps , tel qu'il soit,
ne peut exercer son mouvement que
sur quelque surface , ou bien il faut le
suspendre à quelque point fixe , autour duquel il se puisse mouvoir : dans
l'un & dans l'autre cas il y a frottement ou sur le plan , ou au point de
suspension , ou dans le milieu même
dans lequel il passe. La quantité du
mouvement qu'on lui aura imprimée,
sera donc nécessairement diminuée
par ce double obstacle : ainsi pour se
mouvoir perpétuellement , il faudroit qu'il prît à chaque instant de
nouvelles forces , pour réparer celles
qu'il perd ; ce qui est contraire à la
premiére loi du mouvement , qui
veut qu'un mobile garde constamment l'état qu'on lui a fait prendre ,
si cet état n'est changé par une cause nouvelle. Delà il paroît évidemment démontré qu'il ne peut y avoir
de mouvement perpétuel méchanique dans l'état naturel , & que ceux
qui

qui le cherchent avec obstination , & qui multiplient les frais dans cette vûe , perdent leur tems, leurs peines, & leurs dépenses.

Si quelqu'un prend pour perpétuel, le mouvement d'un pendule qui continue ses vibrations égales au moyen d'un ressort ou d'un poids qu'on remonte au bout d'un tems , ou toute autre chose équivalente , il n'entend pas l'état de la question ; car il s'agit d'un mouvement une fois imprimé , auquel on n'ajoute plus rien par la suite , & qui se suffise à lui-même pour se perpétuer. Le ressort ou le poids par son effort constant, répare sans cesse le degré de vîtesse perdu dans l'instant précédent , & cette réparation est une addition au mouvement primitif.

Ceux qui s'en laissent imposer par l'inspection d'une machine , ou par une prétendue démonstration géométrique , sur laquelle on s'appuye quelquefois , pour établir la découverte du mouvement perpétuel , sont les dupes de la mauvaise foi ou d'un paralogisme qui ne tiennent guéres contre des gens instruits. Le mouvement perpétuel est la pierre philosophale de la méchanique ; ordinairement ceux qui s'y heurtent, ne sont pas fort initiés dans cette science, de même qu'une recherche obstinée de la quadrature du cercle, ou du grand œuvre, n'annoncent à present ni un Géométre sublime, ni un habile Chymiste.

Fig. 7.

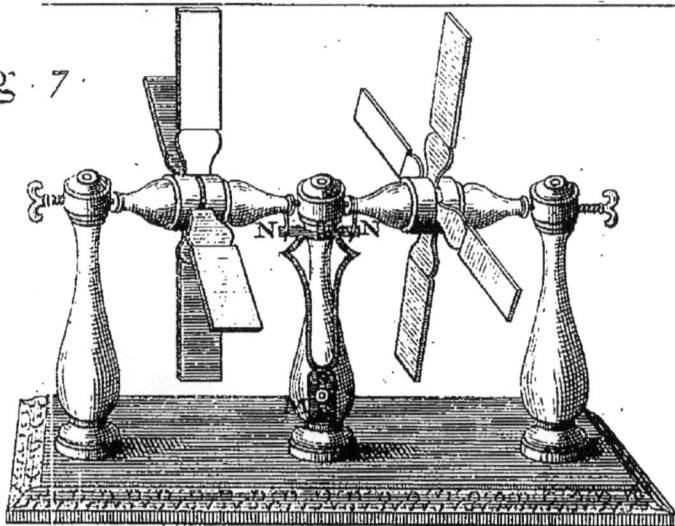

N N

Fig. 8.

A

B C

D G

F G

Fig. 10.

Fig. 9.

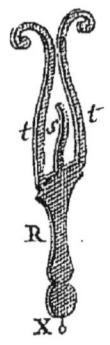

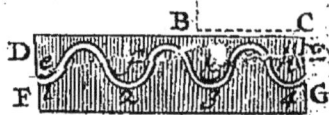

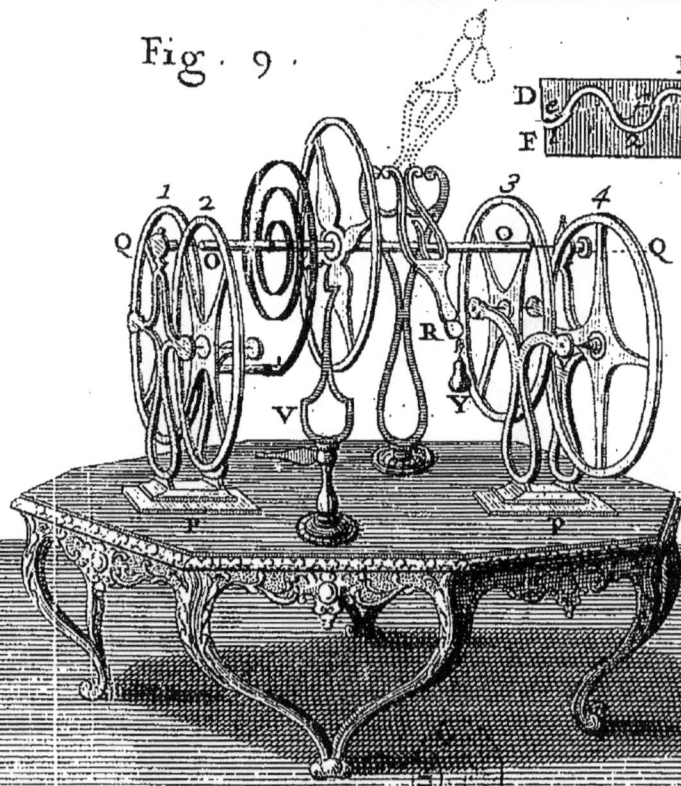

t t

R

X

1 2 3 4

Q Q

V Y

P P

Dheulland del. et Sculp.

IV· LEÇON·

Suite des Loix du Mouvement
simple.

Des causes qui changent la direction du Mouvement.

APRE's avoir enseigné dans la dernière section de la leçon précédente, ce qui diminue indispensablement la vîtesse du mobile, il nous reste à faire connoître les causes qui changent sa direction, quand il ne garde pas celle qu'il avoit d'abord. Mais pour le faire d'une maniére plus intelligible, nous commencerons par établir la seconde & la troisiéme loi du mouvement simple, sur lesquelles sont fondées la plûpart des choses que nous avons à dire touchant cette matiére.

Seconde Loi du Mouvement simple.

Le changement qui arrive en plus ou en moins au mouvement d'un corps, est toujours proportionnel à la cause qui le produit.

Dans un mobile dont on suppose la masse constante, il n'y a de variables que sa vîtesse & sa direction : pour changer l'une ou l'autre, il faut une force positive qui n'est point dans le mobile avant le changement, & qu'il n'a pas la faculté de se donner à lui-même. Cette force, quand elle agit, ne peut produire que ce dont elle est capable, ainsi l'on peut juger de sa valeur par celle de son effet. Comme une livre de plomb dans le bassin d'une balance, n'a ni plus ni moins que le poids d'une livre, on ne doit pas s'attendre que son action contre l'autre bassin excéde, ou vaille moins qu'un pareil poids, si la balance est juste ; & réciproquement si ce dernier bassin est tenu en équilibre, on peut en toute sureté conclure que le poids de l'autre part qui en est la cause, égale une livre.

Troisiéme Loi du Mouvement simple.

La réaction est égale à la compression.
Lorsqu'un corps en mouvement, ou qui tend à se mouvoir, agit sur un autre corps, il le comprime, & ce dernier exerce réciproquement sur lui une compression égale. Quand avec le bout du doigt j'appuye sur un bassin vuide de balance, pour soulever une livre de plomb qui est dans l'autre bassin, c'est la même chose que si je recevois la livre de plomb sur le bout de mon doigt pour la soutenir. Qu'un homme sur le rivage tire son bateau à bord avec une corde, ou qu'il se tienne dans le bateau pour tirer la même corde attachée à un pieu sur le rivage, il s'ensuivra le même effet; car la résistance ou la réaction du point fixe, égale l'action de celui qui agit contre elle.

Examinons maintenant comment un mobile change de direction, & quelle régle il suit dans ce changement.

Quand un corps en mouvement change de direction, c'est qu'il y est forcé par un obstacle ; car selon l première loi, il tend de lui-même persévérer dans son état : mais ce obstacle peut être une matiére fluide, dans laquelle il s'ouvre un passage ; ou bien un corps solide qui lui oppose toute sa masse à cause de la liaison de ses parties. Une pierre jettée dans l'eau nous représente le premier cas ; une balle de paume lancée contre la muraille, est un exemple du second.

PREMIERE SECTION.

Du changement de Direction occasionné par la rencontre d'une matiére fluide.

SI le mobile que l'on a déterminé vers un certain point, vient à rencontrer quelque matiére fluide, ou comme telle à son égard, il ne fait que passer d'un milieu dans un autre ; & ordinairement ces milieux ne sont point également pénétrables pour lui, soit par la différence de leurs densités, soit par quelque autre caufe qu'il n'eſt point tems d'examiner ici. Ce plus ou moins de réſiſtance qu'il éprouve en entrant dans le nouveau milieu , ne manque point de lui faire quitter ſa première direction , toutes les fois qu'il entre obliquement ; & ce changement ſe nomme *réfraction* , pour faire entendre que la direction du mobile eſt comme briſée à l'endroit où les deux milieux ſe joignent. Eclairciſſons ceci par une figure , & par quelques exemples.

Suppoſons un grand baſſin plein d'eau dont la coupe ſoit repréſentée par *A B C D*, *Fig.* 1. & une pierre, ou tout autre corps dur *E* , placé dans l'air, & que l'on dirige vers la ſurface de l'eau avec aſſez de vîteſſe pour l'y faire entrer , & l'y faire continuer ſon mouvement.

Pour cet effet , on ne peut diriger cette pierre que de deux manières ; ſçavoir par la ligne perpendiculaire *P F*, ou bien par une ligne oblique priſe entre *P F*, & *C F*. Car il eſt évident que ſi elle ſuivoit *C F*, ou ſa parallele , elle n'entreroit jamais dans l'eau, ou (ce qui eſt la même choſe) elle ne changeroit point de milieu,

Si le corps E vient à la furface de l'eau par la ligne PF, il continue de fe mouvoir par Fp, & fa direction ne reçoit aucun changement.

Mais s'il fuit une ligne oblique comme eF; dès qu'il fera parvenu en F, l'eau fera pour lui un milieu *réfringent* : au lieu de continuer fon mouvement par FG, il prendra une nouvelle direction qui fera entre FG & FA, telle, par exemple, que FH. C'eft-à-dire, que la pierre, ou en général le mobile, fouffrira réfraction, & que cette réfraction l'éloignera de la perpendiculaire imaginée Fp, plus qu'il n'auroit fait, s'il avoit continué de fe mouvoir felon fa premiére direction.

La réfraction fe feroit en fens contraire, fi le mobile paffoit d'un milieu plus réfiftant, dans un autre qui le fût moins, par exemple, s'il fortoit de l'eau pour entrer dans l'air : de façon que s'il avoit décrit la ligne HF, il ne continueroit point par FK, ni par aucune autre entre K & C; mais la réfraction qu'il fouffriroit en F, le détermineroit dans une nouvelle direction entre K & P, ce qui l'approcheroit

cheroit davantage de la perpendiculaire *P F*.

Pour ôter toute équivoque fur
cette perpendiculaire que l'on prend
pour ligne de comparaifon, lorfqu'on
veut exprimer en quel fens fe fait la
réfraction ; il eſt bon d'obſerver qu'elle n'a rien de commun avec l'horizon,
qu'autant que la furface du milieu réfringent eſt horizontale, comme il
arrive quand c'eſt un liquide en repos ; car c'eſt toujours de la perpendiculaire à cette furface qu'il s'agit ;
dans quelque poſition que puiſſe être
le milieu qui cauſe la réfraction. Si ,
par exemple, au lieu d'une eau dormante telle que nous l'avons fup-
poſée , on choiſiſſoit celle d'une caf-
cade , ou d'une riviére qui eût une
pente confidérable, pour y lancer une
pierre ; la perpendiculaire à laquelle
on rapporteroit la direction de ce
corps, tant avant qu'après fon entrée
dans l'eau , feroit une ligne inclinée
à l'horizon ; elle feroit même horizontale , fi la furface refringente étoit
verticale.

La réfraction dépend donc de
deux conditions, fans l'une ou l'autre

defquelles elle n'a plus lieu ; la premiére eſt l'obliquité d'incidence de la
part du mobile ; la ſeconde , qu'il y
ait plus de réſiſtance dans un milieu
que dans l'autre : prouvons d'abord
ceci par des faits , & tâchons enſuite
d'en faire connoître la cauſe.

PREMIERE EXPERIENCE.

PREPARATION.

La machine qui eſt repréſentée par
la *Fig.* 2. porte à deux pieds ½ au-deſ-
ſus de ſa bâſe un petit canon de cuivre *I*, par lequel on fait tomber une
balle de plomb du poids d'une once
environ , dans un vaſe de criſtal *L* ,
qui a 12 ou 14 pouces de hauteur, &
au fond duquel on a étendu un lit de
terre glaiſe , ou de cire molle , d'un
pouce d'épaiſſeur.

La balle ayant marqué ſa place
par cette première chûte , on la fait
tomber de même une ſeconde fois ,
après avoir empli d'eau le vaiſſeau
L.

EFFETS.

On trouve la balle de plomb après

la seconde chûte, dans le même endroit qu'elle avoit marqué en tombant la première fois.

EXPLICATIONS.

Il paroît par cette expérience, que la balle de plomb a toujours conservé sa première direction, soit qu'elle fît tout son mouvement dans l'air, soit qu'elle tombât en passant de l'air dans l'eau. Mais par quelle raison se seroit-elle détournée, si les obstacles qu'elle a rencontrés se sont toujours opposés également de toutes parts ; si l'effort de sa pésanteur à qui elle obéissoit, n'a jamais eû à vaincre que des résistances qui cédoient toutes ensemble avec la même facilité, ou qui la retardoient de quantités égales ? Considérons cette balle dans les différens instans de sa chûte.

1°. Lorsqu'elle est encore entièrement dans l'air, ce fluide qu'on suppose en repos, & d'une densité uniforme autour du mobile, ne fait que retarder la vîtesse. Mais cette résistance n'influe en rien sur la direction, puisqu'elle agit indifféremment en toutes sortes de sens.

Z ij

2°. On peut dire la même chose en considérant la balle dans le tems qu'elle est entiérement plongée dans l'eau ; car la difficulté qu'elle trouve à s'ouvrir un passage dans ce liquide, quoique plus grande que dans l'air, ne l'empêche point de tendre au même but ; mais seulement d'y arriver avec autant de vîtesse qu'elle en auroit dans un milieu moins résistant.

3°. Enfin si l'on examine ce qui se fait pendant que la balle passe de l'air dans l'eau, & qu'elle est encore partie dans l'un, & partie dans l'autre de ces deux milieux ; on concevra facilement que cette immersion ne doit rien changer à sa premiére direction.

Car lorsque le corps M, *Fig.* 3. descend par la ligne $P\,p$; toutes les parties de la surface décrivent des paralléles comme NT, $n\,t$; & la résistance du milieu s'exerce sur tout l'hémisphére NOn. Quand il commence à se plonger, l'eau résiste directement en O ; & à mesure qu'il s'enfonce, les parties OS, SR, RN & leurs correspondantes $O\,s$, $s\,r$, $r\,n$, participent successivement à la résis-

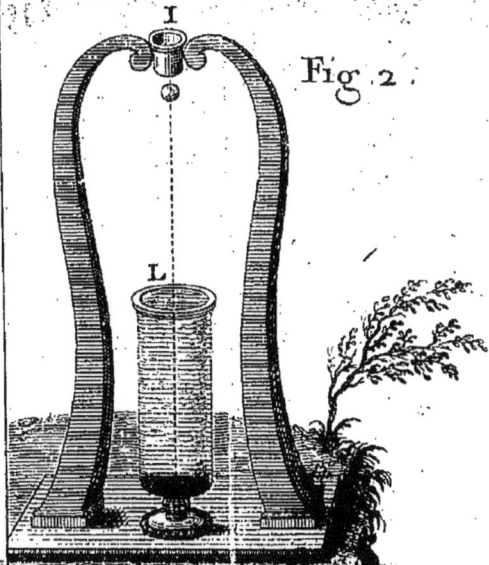

Fig. 2.

Fig. 3.

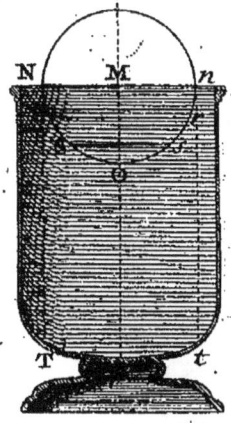

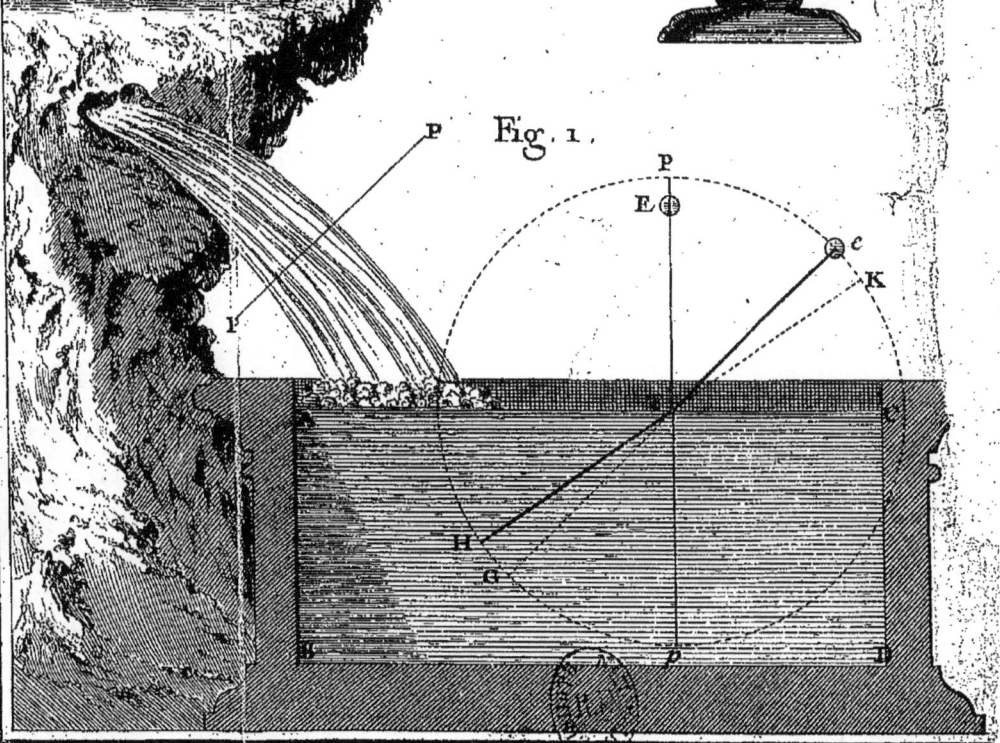

Fig. 1.

tance du nouveau milieu. Mais comme ces différentes parties forment des plans plus obliques les uns que les autres depuis *O* jufqu'en *N*, de part & d'autre ; la réfiftance de l'eau pendant cette demie immerfion , augmente par des quantités qui vont toujours en décroiffant.

Dans tout ceci l'on n'apperçoit aucune caufe qui doive faire perdre au corps *M*, fa première direction ; en conféquence de fa figure fphérique les obftacles qui fe rencontrent en *N*, en *R*, en *S*, &c. font juftement compenfés par les réfiftances qui s'oppofent aux parties *n, r, s*, &c. & cet équilibre maintient toujours le centre *M* dans la ligne *P p*. Cette expérience prouve donc que l'obliquité d'incidence de la parc du mobile, eft abfolument néceffaire pour la réfraction, puifque fans elle il continue fon mouvement fuivant fa première direction, quoiqu'il paffe d'un milieu moins réfiftant dans un autre milieu qui l'eft plus.

APPLICATIONS.

Un corps grave que fon propre

poids fait tomber dans l'eau, doit se
trouver au fond, dans un endroit qui
réponde perpendiculairement à celui de la surface par lequel il a passé
en tombant. Mais 1°. il faut supposer
pour cela, que le fluide étoit en repos pendant le tems de la chûte.
Car on sçait que ce qui tombe dans
une riviére ou dans un torrent, est
entraîné par le courant de l'eau en
même-tems qu'il obéit à la force de
sa pésanteur. C'est pourquoi les gens
qui se noyent dans les eaux qui coulent, ne se trouvent jamais vis-à-vis
du lieu où ils ont commencé à disparoître.

2°. La figure du corps qui s'enfonce dans un fluide, contribue beaucoup ou à lui faire garder ou à lui
faire perdre sa premiére direction indépendamment de la refraction ; car
cette figure peut être telle qu'elle
occasionne des inégalités dans la résistance du même fluide. Si par exemple, au lieu de faire tomber dans
l'eau un corps sphérique, tel que celui de notre expérience, on se ser-
voit d'un hémisphére ou de quelque
chose semblable, & qu'on le diri-

geât parallelement à sa partie plane;
il suit de l'explication que nous avons
donnée ci-dessus, que ce dernier mobile plus arrêté d'un côté que de l'autre par le fluide qu'il divise, à cause de
sa figure, ne garderoit point sa premiére direction, & qu'il décriroit
une ligne courbe, quoique dans un
milieu très-uniforme.

C'est une chose qui se trouve bien
confirmée par une expérience aussi
simple que fréquente. Toutes les fois
qu'on jette horizontalement quelque
corps tranchant & convexe d'un
côté, comme une écaille d'huître,
ou toute autre chose équivalente,
on ne le voit jamais suivre la direction qu'on lui a donnée; & si l'on a
tourné la convéxité en embas, on
remarque très-souvent qu'il s'éléve
malgré le penchant de son propre
poids.

On peut observer aussi que les oiseaux pesants, comme les corbeaux,
les pigeons, les pies, &c. quand ils
s'abattent après un long vol, ne
manquent point de courber leurs
aîles & leur queue, pour se donner
une figure convexe en dessous; ce

Z iiij

qui les dirige néceffairement dans une courbe fort allongée qui adoucit leur chûte. Ces mêmes oifeaux au contraire fe pofent d'une maniére pefante, & fe heurtent fouvent contre la terre lorfqu'ils font trop jeunes, parce qu'ils defcendent par une ligne moins inclinée à l'horifon, foit qu'ils ne fçachent point encore prendre une figure qui les dirige autrement, foit que leurs plumes encore trop courtes, ou leurs membres trop foibles, ne leur permettent pas.

II. EXPERIENCE.

PREPARATION.

A B C, *Fig. 4*, eft un quart de cercle, auquel on a fixé un canon de fufil fur le rayon A B, & que l'on a attaché à une muraille, ou à quelque chofe d'inébranlable, de maniére cependant qu'il puiffe tourner fur le point B; à 18 ou 20 piéds de diftance, eft un baquet, où une baignoire de 4 ou 5 pieds de longueur, pleine d'eau, dont on couvre la furface avec une gaze tendue, ou avec de grandes feuilles de papier. F eft un

chaffis garni de gaze ou de papier,
qui a environ 18 pouces de hauteur
& 1 pied de largeur. Ce chaffis s'éléve perpendiculairement à la surface
de l'eau; & fa bafe *D E*, qui eft une
planche un peu pefante, fe place fur
les bords du baquet, à une diftance
fuffifante de fon extrémité *G*. Il faut
avoir foin de revêtir le petit côté *G*
du baquet avec une planche de fapin
fort épaiffe & bien unie, qui le pré-
ferve d'accident, & fur laquelle on
puiffe appercevoir l'impreffion d'une
balle. Enfin tout étant ainfi difpofé,
on charge le canon avec de la poudre en fuffifante quantité, & avec une
balle de plomb qui foit de calibre,
s'il eft poffible; on le dirige vers le
point *I*, de maniére qu'il faffe avec
la furface de l'eau un angle de 30
ou 40 degrés, & l'on y met le feu
avec une petite méche placée en *a*.
Voyez la figure citée.

EFFETS.

La balle après avoir percé les deux
gazes en *I* & en *K*, au lieu de continuer fon mouvement dans cette direction pour venir en *L*, va frapper

la planche de fapin en *H*, par une ligne qui fait angle avec la premiére qu'elle a fuivie en venant d'*A* en *K* : ce que l'on apperçoit facilement en faifant écouler l'eau du baquet, & en plaçant l'œil enfuite en *I* ; car on remarque que le point *H* eft fenfiblement au-deffus de fa premiére direction, & que la réfraction qu'elle a foufferte au point *K*, en entrant dans l'eau, l'a éloignée de la perpendiculaire *P p*, plus qu'elle ne l'auroit été, fi elle avoit continué de fe mouvoir directement jufqu'en *L*.

EXPLICATIONS.

C'eft une fuite des loix du mouvement, qu'un mobile fe porte toujours du côté où il trouve moins de réfiftance ; car l'effet étant proportionnel à fa caufe, un corps qui rencontre en même tems deux obftacles, doit fouffrir davantage de celui qui eft le plus fort, & vaincre auffi plus aifément celui qui l'eft moins : or vaincre plus aifément un obftacle, c'eft le repouffer d'une certaine quantité en moins de tems, ou le repouffer davantage dans un tems déterminé. Car un obſtacle, tel qu'il ſoit, ne céde jamais ſenſiblement dans un inſtant indiviſible ; le plus foible eſt donc celui qui ſe laiſſe vaincre dans un tems plus court.

L'air & l'eau dans leſquels la balle de notre expérience a paſſé ſucceſſivement, ont fait obſtacle l'un après l'autre à ſon mouvement ; mais tant qu'elle a été entiérement dans l'un ou dans l'autre de ces deux milieux, la réſiſtance ayant été également diſtribuée à toutes les parties de l'hémiſphére antérieur, comme nous l'avons fait voir dans l'explication de la premiére expérience, ſa direction n'a point dû changer ; les obſtacles, ou les parties réſiſtantes du fluide ſe faiſant équilibre de part & d'autre, elle a dû perſévérer conſtamment dans la ligne AK, & enſuite dans la ligne KH.

Si l'égalité des obſtacles contre toutes les parties de l'hémiſphére antérieur nop, $Fig.$ 5. entretient le corps m dans ſa direction, tant qu'il eſt dans un ſeul & même milieu ; il eſt évident qu'en paſſant obliquement de l'air dans l'eau, ce même hémiſphére, pendant tout le tems de fon immerfion, rencontre des obftacles plus difficiles à vaincre d'un côté que de l'autre de fa furface. Car, par exemple, le point *R* venant à toucher l'eau, éprouve plus de réfiftance que le point *Q*, qui ne rencontre encore que de l'air. Ainfi l'équilibre étant rompu entre les obftacles de part & d'autre, le centre *M* fe porte du côté des plus foibles, & commence à s'écarter de fa première direction *ST*. Mais comme la différence qu'il y a entre la réfiftance de l'eau & celle de l'air, eft principalement fondée fur le tems qu'il faut employer pour repouffer l'un ou l'autre de ces deux fluides, cette différence augmente à mefure que la vîteffe du mobile diminue; car fi la balle de plomb repouffoit l'air & l'eau avec une vîteffe infinie, leurs réfiftances étant nulles, ou infiniment petites, il n'y auroit point de différence entre elles.

Le mouvement du corps *M* rallenti de plus en plus par fon immerfion dans l'eau, doit donc fe reffentir de cette différence augmentée entre la réfiftance qui fe fait en la partie *ORP*,

& celle qui agit contre $O\,Q\,N$.
Ainſi le centre M doit abandonner de
plus en plus ſa premiére direction, &
deſcendre par une petite ligne courbe, dont le dernier élément commence la nouvelle direction $V\,X$, que la
balle ſuit après ſon immerſion.

APPLICATIONS.

L'expérience précédente nous conduit naturellement à une remarque
qui peut être de quelque utilité à
ceux qui veulent tuer du poiſſon à
coups de fuſil. Quelque bons tireurs
qu'ils puiſſent être, ils manqueroient
ſouvent leur proie, s'ils obmettoient
d'avoir égard à la réfraction que doit
ſouffrir le plomb en entrant dans
l'eau. Ce que nous avons fait voir ci-
deſſus, prouve qu'il faut tirer plus
bas que l'objet, puiſque le coup ſe
reléve toujours dans l'eau, quand on
tire obliquement. A la vérité comme
on ne peut tirer qu'à une petite profondeur, à cauſe de la grande réſiſtance de l'eau, & que la péſanteur du
plomb dont la vîteſſe eſt affoiblie,
détruit une partie de la réfraction en
le faiſant baiſſer ; comme d'ailleurs

on doit suppofer que l'objet qu'on fe
propofe de toucher, a une certaine
étendue, il femble que dans la pratique ce changement de direction
qu'éprouve le plomb en entrant dans
l'eau, n'eft point une chofe fort im-
portante par elle-même, & qu'on
pourroit la négliger. Mais il faut faire attention que le poiffon que nous
voulons tirer, ne fe voit que par des
rayons de lumiére qui viennent de
lui à nous, qui paffent obliquement
de l'eau dans l'air, & qui étant par
conféquent dans le cas de la réfraction, ne nous repréfentent point l'objet dans le vrai lieu où il eft. Ajou-
tez à cela (& c'eft ce qu'il y a de
plus néceffaire à remarquer) que la
réfraction de la lumiére fe fait en fens
contraire de celle des autres corps,
comme nous le ferons voir en traitant de l'optique; de forte que le lieu
apparent du poiffon eft plus élevé
que fon lieu réel : ce qui donne de
nouvelles forces à la raifon qu'on auroit de tirer plus bas, quand on
n'auroit égard qu'à la réfraction du
plomb.

Quoique les réfractions s'obfervent

le plus ordinairement dans des milieux fluides, on peut dire en général
qu'elles ont lieu dans tous les corps,
même solides, lorſque le mobile qui
les pénétre, y rencontre obliquement
des couches de matiéres plus réſiſtantes les unes que les autres. Il arrive, par exemple, très-ſouvent, lorſqu'on veut percer une planche avec
un poinçon, ou avec une aiguille mince & flexible, que le fer ſe courbe,
& ne ſuit point la direction qu'on
s'eſt efforcé de lui donner: c'eſt que
la pointe a rencontré obliquement
des parties plus dures les unes que
les autres, comme il eſt aiſé d'en remarquer dans le ſapin, où ces ſortes de
réfractions ſe font ſouvent; car on a de
la peine à y chaſſer un clou ſelon ſon
gré, ſur-tout s'il eſt long & mince.

La réfraction eſt ſuſceptible de plus
& de moins. Nous avons vû qu'elle
eſt nulle lorſque la direction du mobile eſt perpendiculaire à la ſurface
du milieu réfringent : elle commence avec l'obliquité d'incidence, &
elle augmente avec elle, & proportionnellement à elle. Car la balle qui
tombe par *S T*, *Fig.* 5. ſouffre moins

de réfraction que celle qui est dirigée par *s t* ; & si l'on se rappelle ce
que nous avons dit pour rendre raison de la réfraction en général , on
appercevra facilement ; & par l'inspection seule de la figure , que la cause de cet effet augmente à mesure
que l'immersion devient plus oblique. Car on voit que plus la direction est inclinée à la surface de l'eau ,
plus la partie *O R N* de l'hémisphére
antérieur est de tems dans l'air ; &
par conséquent , plus les résistances
qui se font de la part de l'eau en la
partie *O R P* , ont d'avantage sur celles qui agissent contre les points cor-
respondans *O Q N*.

Mais dans quelque degré que l'on
considére la réfraction , on la trouve
toujours proportionnelle à l'incidence du mobile , quand les milieux ne
changent point ; & l'on en juge en
comparant les angles d'incidence
A C P & *B F D* , *Fig.* 6. avec ceux de
réfraction *a C p* & *b F d* , que l'on
mesure par les lignes *P A* , *a p* , qui
en sont les sinus ; car si *P A* est à *a p*
comme 2 est à 3 , les deux lignes
semblables *D B* & *d b* , qui représen-
ten

tent le cas d'une réfraction plus grande , font encore dans le même rapport entre elles.

Nous n'entreprendrons point de
prouver ceci par des expériences ; la
difficulté de diriger des corps graves
dans des lignes parfaitement droites & obliques à la direction naturelle de leur pesanteur , ne nous le permet pas. Nous aurons lieu de le faire
commodément , en traitant de la lumiére qui n'a pas cet inconvénient.

Nous ajouterons seulement , &
nous le prouverons par le fait , que
quand l'incidence est parvenue à un
certain point d'obliquité , la réfraction se fait hors du milieu réfringent,
(ce que l'on nomme alors *réflection*)
de maniére , par exemple , qu'une
pierre, ou une balle de plomb , au
lieu de passer de l'air dans l'eau, comme nous l'avons vû précédemment ,
se reléve après avoir touché la surface , & forme avec elle un angle
presque semblable à celui qu'elle avoit
fait en tombant, Voyez la *Fig.* 7.

III. EXPERIENCE.

PRÉPARATION.

Il faut difpofer le quart de cercle de la *Fig.* 4. de maniére que le canon & fa ligne de direction *MN**, faffent avec la furface de l'eau *NP*, un angle d'environ 5 degrés ; & placer à l'autre bout du bacquet une planche de bois tendre *S*, qui s'éléve perpendiculairement à la furface de l'eau, & qui fe préfente de face à la longueur du même bacquet, il faut auffi placer à fleur d'eau un chaffis de gaze, qui ait environ un pied de longueur. Le canon ayant été chargé comme précédemment, il faut y mettre le feu.

* *Fig.* 7.

EFFETS.

La balle de plomb étant parvenue en *N*, au lieu d'entrer dans l'eau & d'y fouffrir une réfraction, comme dans la feconde expérience, rejaillit du point de contact, & va frapper la planche en *S*, faifant fon angle de réflection *ONS*, à peu près égal à celui de fon incidence *MNP*.

EXPLICATIONS.

En expliquant ci-deffus les caufes
de la réfraction, nous avons fait connoître que la réfiftance du milieu
contre une boule qui fe meut en ligne droite, s'exerce fur la moitié de
la furface fphérique *N O n*, *Figure* 3.
nous avons fait voir auffi en expliquant la feconde expérience, que
quand cet hémifphére vient à toucher en même-tems deux milieux
dont l'un réfifte plus que l'autre,
le corps entier dont il fait partie fe
porte davantage du côté du plus
foible. De-là, il fuit que cette déviation doit être d'autant plus grande,
que les fluides réfiftans différent plus
entre eux, & que le plus foible des
deux occupe une plus grande partie
de l'hémifphére *P R O Q N*, *Fig.* 5.
La réfiftance de l'air eft très-petite,
ou dure très-peu en comparaifon de
celle de l'eau, & quand la balle de
plomb eft dirigée par une ligne fort
inclinée, comme dans notre expérience, on peut voir par la *Figure*
que la partie qui répond à l'air, eft

beaucoup plus grande que celle qui
touche l'eau. Ainſi l'excès de réſiſtance de la part de ce dernier milieu,
devient comme un point fixe qui re-
fuſe le paſſage au mobile, aſſez long-
tems pour lui donner lieu de continuer ſon mouvement dans l'air, qui
lui céde très-promptement.

Juſqu'ici l'on voit aſſez bien pourquoi la balle n'entre point dans l'eau,
& par quelle raiſon elle achéve ſon
mouvement dans l'air, après avoir
touché par une direction fort oblique le milieu le plus réſiſtant. Mais
il faut convenir que ce que nous
avons dit ne ſuffit pas pour faire entendre ce qui la détermine à remonter de bas en haut, par une autre direction oblique, qui ſe trouve dans
le même plan que celle de ſon incidence : car de ce qu'elle doit achever ſon mouvement dans l'air, il ne
s'enſuit pas qu'elle ſoit obligée de
s'élever après avoir deſcendu ; s'il n'y
avoit aucune cauſe pour produire cet
effet, il paroît qu'on ne devroit s'attendre qu'à voir gliſſer ou rouler cette
balle ſur la ſurface de l'eau, quand une
fois elle y ſeroit parvenue, & qu'il

lui resteroit assez de vîtesse pour rendre l'effet de sa pesanteur insensible. En un mot, tout ce que peut faire la résistance de l'eau, c'est d'interdire le passage au mobile ; mais en ne considérant en elle qu'un obstacle invincible, on ne voit pas qu'elle puisse déterminer à monter, ce qui jusqu'au point de contact est bien déterminé à descendre. Il y a donc quelque chose de plus à considérer, soit dans l'eau qui réfléchit, soit dans la balle qui souffre cette réflection, ou bien dans l'une & dans l'autre, relativement aux circonstances où elles se trouvent dans notre expérience. Mais comme ce qui se passe ici à la rencontre d'une surface fluide dans le cas d'une incidence fort oblique, arrive toujours quand un mobile tombe sur un plan solide à telle inclinaison que ce soit ; nous remettons à en examiner la cause en parlant du mouvement réfléchi dans la section suivante : il nous suffira pour le présent d'avoir fait connoître qu'il y a telle obliquité d'incidence où la surface de l'eau se comporte à l'égard d'une balle de plomb, ou de tout autre corps dur, comme un plan solide & impénétrable.

APPLICATIONS.

L'expérience que nous venons d'expliquer, doit servir de régle à ceux qui tirent dans l'eau. S'ils ne tirent pas de fort près ou d'un lieu élevé, la direction du coup peut devenir trop oblique, & le plomb pourroit bien ne pas entrer dans l'eau. Telle personne qui se croiroit en sûreté sur le rivage opposé, courroit risque d'être blessée; & c'est toujours une précaution fort sage, de ne se point rencontrer dans le plan de la réflection. Dans un combat naval, combien de boulets de canon voiton se relever ainsi après avoir touché la mer, & faire par un mouvement réfléchi ce qui sembleroit devoir manquer par leur première direction.

Mais sans aller chercher des exemples si terribles, un jeu d'enfans que tout le monde connoît sous le nom de *ricochets*, nous montre la même chose avec moins de danger. Une pierre un peu tranchante par les

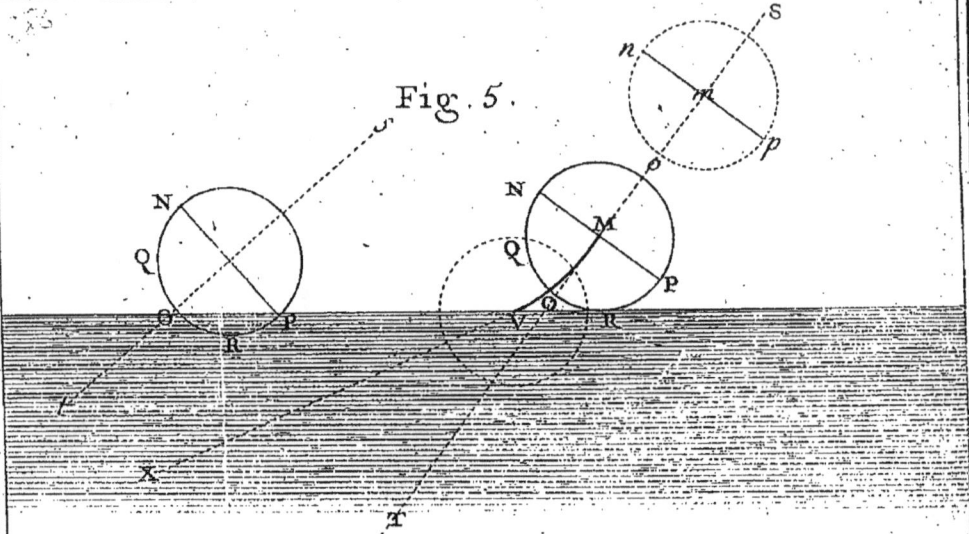

Fig. 5.

Fig. 4.

Dheulland del. et Sculp.

bords , plus épaisse du milieu , &
lancée fort obliquement à la surface
de l'eau, se reléve du point de contact par les raisons que nous avons
rapportées ; & si elle a reçu une
quantité suffisante de mouvement,
lorsque son propre poids la détermine de nouveau dans une incidence
oblique , il donne occasion à une
nouvelle réflection qui se réitére souvent 5 ou 6 fois de suite.

Des expériences que j'ai repétées
avec soin, mais que je n'ai point encore eû occasion de faire assez en
grand, pour établir une théorie exacte & détaillée, m'ont déja confirmé
dans l'opinion où je suis, que la surface de l'eau ne commence point à
refléchir sous le même angle , ou à
pareille obliquité d'incidence, toutes
sortes de corps indifféremment. J'ai
remarqué qu'une balle de 6 lignes de
diamétre entroit dans l'eau, quand sa
direction faisoit un angle de 6 degrés
avec la surface , tandis qu'une plus
grosse, à pareille incidence, étoit ré-
fléchie : & je ne doute pas qu'un boulet de canon ne le soit sous un angle
beaucoup plus ouvert , & que cela

ne varie autant que le diamétre des boulets. Car la résistance de l'eau est d'autant plus grande, que les parties choquées font en plus grand nombre ; quand un mobile sphérique tombe sur sa surface, & vient à la toucher avec un mouvement considérable, on ne doit point croire que ce soit par un seul point, c'est toujours par un segment, & ce segment éprouve d'autant plus de résistance, qu'il fait partie d'une sphére plus grande ; parce qu'ayant plus d'étendue avec moins de convexité, il heurte plus directement, & un plus grand nombre de parties d'eau.

Après avoir examiné les changemens qui arrivent à la direction d'un mobile, quand il rencontre un obstacle qu'il peut pénétrer, ou dans lequel il peut continuer son mouvement, voyons maintenant ce qui arrive à ce même mobile, quand l'obstacle est un corps solide qui lui refuse le passage.

II.

II. SECTION.

Du Mouvement réfléchi.

NOus avons supposé dans la section précédente, que ce qui tendoit à changer la direction du mobile, étoit une matiére qu'il pouvoit pénétrer, & dans laquelle il avoit la liberté de continuer son mouvement d'une maniére assez considérable, pour donner lieu d'appercevoir s'il obéissoit à une nouvelle détermination. Maintenant nous supposons un obstacle invincible, une masse inébranlable qu'il ne puisse déplacer, ni entr'ouvrir, pour passer outre. Je dis, pour passer outre; car comme il n'y a point de matiére parfaitement dure, & dont les parties ne cédent à une force suffisante; lorsqu'un corps en choque un autre, quand bien même ce dernier ne pourroit être déplacé à cause de sa grandeur, il se fait toujours un enfoncement à l'endroit du contact; & si cet enfoncement est tel que le mobile s'introduise dans la masse,

Tome I.   B b

comme lorsqu'un boulet de canon s'enterre, ou qu'on tire une balle de mousquet dans du sable, ou dans de la neige accumulée ; alors l'obstacle enfoncé devient un nouveau milieu, & s'il y a réfraction, elle se fait selon les loix que nous avons établies ci-dessus.

L'obstacle, ou le corps choqué, étant donc tel qu'on le suppose, iné-branlable quant à sa masse totale, mais flexible quant à ses parties, il est question de sçavoir comment le mobile sera dirigé après le choc.

Mais avant que de répondre à cet-te demande, il est à propos d'exa-miner si le corps qui choque, conti-nuera de se mouvoir ; car s'il devoit rester sans mouvement, en vain cher-cheroit-on quelle doit être sa direc-tion, & il y a bien des cas où l'obs-tacle le réduit au repos, sans lui rien rendre de ce qu'il lui a fait perdre.

Pour fixer nos idées, représentons-nous une bille d'acier lancée contre une muraille ; & pour plus de sim-plicité, regardons le corps choquant comme parfaitement dur, & ne con-sidérons que la flexibilité du corps

choqué. Au premier inftant du contact la bille exerce, contre un très-
petit efpace de la pierre qu'elle rencontre, un effort qui eft comme fa
maffe & fa vîteffe actuelle. Ce petit
nombre de parties ainfi comprimées
par l'acier, cédent à fon mouvement,
reculent fur les parties les plus prochaines, & celles-ci fur d'autres ; la
pierre fe condenfe en cet endroit, &
il fe fait un petit enfoncement ; mais
cet effet ne fe produit pas avec une
vîteffe égale à celle qu'avoit le mobile au moment qu'il a commencé à
toucher ; car ce qui a été déplacé, a
réfifté, & toute réfiftance (quoique
vaincue) détruit une partie de la force qui la fait céder : ainfi à la fin du
premier inftant la bille d'acier fe trouve retardée, & fon effort au commencement du fecond inftant eft
moindre qu'il n'étoit d'abord.

Mais comme les parties choquées
pendant le premier inftant, ont cédé
en arriére, leur introceffion, ou enfoncement, a donné lieu à la bille
d'acier de toucher la pierre par une
plus grande furface. Le mobile perdra
donc plus de fa vîteffe pendant le fe-

B b ij

cond inftant que pendant le premier:
1°. parce qu'il aura plus de parties à
repouffer; 2° parce que celles du milieu qui ont été enfoncées précédemment, réfiftent davantage qu'elles
n'ont pû faire pendant le premier inftant; car alors la matiére choquée
étoit moins condenfée, & le corps
choquant avoit plus de mouvement.

On voit par l'examen de ces deux
premiers inftans, que la bille d'acier
en formant un enfoncement dans la
pierre, doit diminuer de vîteffe par
des quantités qui vont toujours en
augmentant, puifque les parties qui
reçoivent fon effort, fe multiplient à
chaque inftant, & que fe trouvant de
plus en plus appuyées par celles de
derriére, leur réfiftance commune
croît pour le moins en raifon de ces
deux caufes.

La vîteffe du mobile a beau être
retardée uniformément, ou non,
cette diminution ne doit point empêcher qu'il ne perfévére dans fa premiére direction, tant qu'il lui refte
du mouvement: ainfi l'enfoncement
qui fe fait dans la pierre, n'eft ache-
vé que quand la bille ceffe de fe mou-

voir ; & réciproquement on peut conclure qu'elle est réduite au repos, quand les parties de la pierre ne cédent plus : de sorte que s'il ne se trouve alors quelque nouvelle cause pour rétablir le mouvement dans la bille, comme elle a consommé entiérement celui qu'elle avoit reçu dans sa premiére détermination , on ne voit pas qu'elle puisse se mouvoir davantage , & en effet l'expérience fait voir qu'elle ne se meut plus ; car , si l'endroit de la muraille qui est exposé au choc, est de la pierre tendre, ou du plâtre, la bille demeure dans le trou qu'elle a fait , ou bien elle retombe par son propre poids , si rien ne l'arrête.

Il n'en est pas de même si le mobile rencontre pour obstacle une pierre dure , on le voit rejaillir après le choc , & dans un sens différent de sa premiére direction : ce mouvement se nomme *réfléchi*. Voyons donc quelle en est la cause , & quelles sont les loix qui le dirigent.

Dans la pierre , comme dans le plâtre, il se fait pendant le choc un enfoncement qui ne différe que du plus au moins. Mais quand l'obstacle est

élastique, que les parties enfoncées
ont la vertu de se rétablir dans le
lieu & dans l'ordre où elles étoient
avant leur déplacement, il est aisé
de voir pourquoi le corps choquant
recommence à se mouvoir, & ce qui
le détermine dans une direction différente de celle qu'il avoit d'abord:
car ces parties enfoncées en se réta-
blissant, repoussent le mobile devant
elles, & tendent à le diriger comme
elles le sont elles-mêmes.

Mais tous les corps élastiques ne
le sont pas également, & l'on peut
dire qu'on n'en connoît aucun qui
le soit parfaitement: nous le suppo-
serons cependant pour rendre notre
théorie plus simple, & nous consi-
dérerons d'abord le choc direct,
c'est-à-dire, celui d'un mobile dirigé
perpendiculairement à la surface de
l'obstacle.

En supposant que l'obstacle *DE*,
Fig. 8. est un corps dont l'élasticité
est parfaite, le point de contact *A*,
porté en *B*, par l'effort du mobile *C*,
doit revenir de *B* en *A*, avec une
vîtesse égale à celle avec laquelle il
avoit été déplacé. Le corps *C*, qu'il

chasse devant lui, parcourt en même
tems le même chemin ; & lorsque
par cette réaction il est redevenu tan-
gent à la surface *D E* , il se trouve
qu'il a pour aller d'*A* en *F*, le même
degré de mouvement qu'il avoit lorsqu'en arrivant d'*F* en *A* , il a commencé l'enfoncement *d B e*. Ainsi
l'obstacle dont le ressort seroit parfait , rendroit au mobile , par une
réaction complette , tout le mouvement qu'il lui auroit fait perdre dans
le tems de la compression. Il s'agit
maintenant de régler la direction de
ce mouvement réfléchi.

En expliquant la refraction, * nous
avons fait voir que quand le mobile
M tombe perpendiculairement sur le
milieu réfringent, il ne quitte point
la ligne de sa première direction, &
qu'après comme avant l'immersion,
il tend au même terme ; parce que
toutes les parties de son hémisphére
antérieur sont également soutenues
par la résistance du fluide , & qu'il
n'y a aucune cause qui favorise ou
qui rallentisse son mouvement plus
d'un côté que de l'autre. Par une raison semblable , si la surface *D E* est

* *Pag. 268.*
Fig. 3.

B b iiij

solide & parfaitement élastique, le mobile qui vient d'*F* en *A*, après avoir formé l'enfoncement *d B c*, sera renvoyé dans la même ligne exactement & vers le point *F*, parce que les parties correspondantes *G*, *H*, obéissent à des réactions parfaitement semblables, dont l'équilibre entretient nécessairement le centre *C* dans une ligne qui a pour termes *A*, *F*.

Nous avons encore prouvé * que dans le cas de l'immersion oblique, le mobile abandonne sa première direction, & nous en avons fait voir la cause dans l'inégalité des résistances qui agissent sur les points *P*, *R*, *O*, *Q*, *N*, pendant que cet hémisphére se plonge dans le milieu réfringent. Nous avons remarqué aussi que cette déviation du mobile étant causée par des retardemens qui vont toujours en augmentant; jusqu'à ce qu'il soit plongé, le centre *M* suit une petite courbe *M V*.

* Pag. 275.
Fig. 5.

La même chose arrive, & par des raisons semblables, lorsqu'un corps sphérique tombe obliquement sur un plan solide & à ressort. *Fig.* 9. Les parties enfoncées sont autant de petits

reſſorts qui ont été tendus par l'effort
du mobile , & qui rallentiſſent ſa vîteſſe de plus en plus, juſqu'à ce qu'enfin il ait conſommé tout le mouvement qu'il avoit lorſqu'il a commencé à toucher la ſurface du plan en *I.*
De-là vient la petite courbe *i l* ,
que décrit le centre du mobile ; &
il eſt évident que ſi ce plan enfoncé
finiſſoit au point *L,*la bille s'échappe-
roit par la ligne *LM*; & ſon centre par
conſéquent ſuivroit la paralléle *l m.*

Mais comme pendant l'enfoncement elle touche le plan par une ſurface , & non par un point ; & que
tous les reſſorts qu'elle a tendus ſe
déployent ſucceſſivement , & ſelon
l'ordre dans lequel ils ont été comprimés, il s'enſuit ce double effet:
1°. Elle reprend ſon premier degré
de mouvement , parce qu'elle eſt re-
pouſſée avec autant de force qu'elle
a comprimé. 2°. Elle remonte par
une courbe *M P* , *Fig.* 10. ſemblable
à celle qu'elle a ſuivie en faiſant ſon
enfoncement, parce que les reſſorts
qu'elle a tendus , ſe débandent contre ſa partie poſtérieure , & lui donnent une vîteſſe qui s'accéléré depuis

M jufqu'en P, de même que celle qu'elle avoit d'abord a été retardée depuis I jufqu'en M. Ainfi comme l'extrémité I de la ligne de fon incidence a été le commencement de la premiére courbe, celle de fa réflection P Q eft la continuation de la feconde, & de cette maniére l'angle R M Q devient égal à S M T.

L'égalité des angles d'incidence & de réflection fe démontre d'une maniére plus géométrique, en fuppofant un principe que nous prouverons ci-après, en parlant du mouvement compofé, fçavoir, que le mobile qui parcourt la ligne T M fe comporte comme s'il obéiffoit à deux puiffances, dont une lui auroit donné la vîteffe néceffaire pour parcourir la ligne T V, pendant que l'autre le feroit defcendre de la hauteur T S. Si, lorfqu'il eft parvenu en M, une caufe quelconque anéantit fon mouvement de haut-en-bas, fans rien diminuer de celui qui le tranfporte horizontalement, il eft évident que dans un tems femblable à celui qu'il a employé pour venir de T en M, il ira d'M en R, n'étant plus commandé

que par une feule puiffance. Mais au
lieu de cette fuppofition, fi lorfque
le mobile eft en *M*, la puiffance qui
le commandoit de haut-en-bas, fe
trouve tout d'un coup convertie en
une autre d'égale force, mais qui le
follicite à fe mouvoir de bas-en-haut;
il remontera fans doute par *M Q*,
avec le même degré de vîteffe qu'il
avoit en defcendant par *T M*. Or
nous avons vû précédemment comment de ces deux mouvemens dont
l'incidence oblique eft compofée,
celui qui eft perpendiculaire au plan,
s'anéantit dans le mobile, & fe change, à pareil degré, en un autre qui
eft oppofé dans la même ligne.

Jufqu'ici nous avons fuppofé le
mobile inflexible, & nous n'avons
confidéré que le reffort du plan qui
réfléchit ; mais il eft aifé de concevoir que les mêmes effets auroient
lieu fi le plan étoit parfaitement dur,
& que la bille fût un corps à reffort ;
car dans le choc elle s'applatiroit, &
les parties enfoncées en fe rétabliffant, s'appuyeroient fur le plan, &
repoufferoient le mobile avec la même vîteffe avec laquelle elles auroient.

été comprimées, & dans un sens contraire.

A la vérité, ni l'une ni l'autre de ces deux suppositions ne représentent la nature ; car si l'on ne connoît pas de corps dont le ressort soit parfait, on ne voit pas non plus de corps solides qui en soient entiérement privés. Ainsi toutes les fois qu'il y a réflection, l'on peut dire que le mobile & l'obstacle y ont tous deux part, selon leur degré d'élasticité.

Il peut même arriver qu'un troisiéme pressé entre l'un & l'autre dans le tems du choc, entre pour quelque chose dans le mouvement réfléchi, en faisant l'office d'un ressort qui se débande d'une part contre le plan, & de l'autre contre le mobile ; & alors, soit que l'incidence soit directe, soit qu'elle soit oblique, on doit encore en attendre tout ce qui a été énoncé ci-dessus, lorsque nous n'avons supposé du ressort que dans l'obstacle ou corps choqué.

Il paroît donc que les choses les plus importantes à sçavoir touchant le mouvement réfléchi, peuvent se

réduire à ces deux chefs: 1°. Que le ressort est la cause nécessaire de la réflection ; 2°. Que la direction du mouvement réfléchi est telle que l'angle de réflection est égal à celui de l'incidence du mobile , lorsque la réaction est parfaite.

Quoique ces deux propositions ne puissent se prouver par des expériences rigoureusement exactes , parce que nous ne connoissons aucun corps solide qui ait un ressort parfait, ou qui n'en ait pas du tout; & que d'ailleurs la pésanteur du mobile & la résistance de l'air détruisent une partie des effets ; cependant on peut faire sentir ce qui doit être , en faisant voir par des à-peu-près ce qui est. Nous aurons soin de remarquer ce qui se mêlera d'étranger dans les faits , & le restant nous représentera suffisamment ce que nous venons d'enseigner.

PREMIERE EXPERIENCE.

PREPARATION.

La machine qui est représentée par la *Fig.* 11. doit être placée de manié-

re que fa bafe foit dans un plan horizontal ; *A B* eft une cuvette qui a
environ un pouce de profondeur ; on
la remplit de terre-glaife que l'on a
mêlée avec du fable fin, en telle quantité qu'elle foit très-flexible, fans être
cependant trop vifqueufe. Cette cuvette fe peut mouvoir fur un pivot
qui eft au point *A* , & elle s'arrête
à tel degré d'inclinaifon que l'on
veut, par le moyen d'une agraffe &
d'une vis qui eft en *B. C* eft un petit
canon de cuivre fixé à un coulant à
reffort , qui gliffe dans une rainure à
jour pratiquée au bras de la potence,
& par lequel on fait paffer une balle
de plomb calibrée.

EFFETS.

Quand on laiffe tomber la balle de
plomb par le petit canon *C*, foit qu'elle arrive perpendiculairement à la furface de la cuvette , foit que cette cuvette fe préfente obliquement à fa
chute , il fe fait un enfoncement dans
la terre molle , & la balle y perd tout
fon mouvement.

EXPLICATIONS.

Quand la balle en tombant a commencé à toucher la terre molle, elle avoit une certaine quantité de mouvement ; c'eſt aux dépens de ce mouvement, qu'elle a déplacé une portion de la matiére flexible. Elle a donc dû ceſſer de ſe mouvoir quand les parties qu'elle a rencontrées en repos dans ſa direction, ont été portées auſſi loin que l'exigeoit la valeur de ſon effort ; & elle n'a pas dû ceſſer plûtôt, parce qu'un corps en mouvement ne peut être réduit au repos que par un obſtacle dont la réſiſtance égale le produit de ſa force.

Que la balle tombe perpendiculairement ſur un plan incliné à l'horizon, comme dans l'une des deux expériences précédentes, ou bien qu'elle vienne par une ligne oblique contre un plan horizontal, comme le repréſente la *Figure* 12 ; c'eſt abſolument la même choſe, quant à l'effet qui doit s'enſuivre ; & ſi le plan eſt flexible & ſans reſſort, comme nous le ſuppoſons, le mouvement de la balle doit s'y conſommer entiérement, aussi bien que dans le cas précédent ; car la direction oblique ne change rien à ce que nous avons dit pour la chute perpendiculaire ; elle ne pourroit tout au plus qu'occasionner une petite réfraction que nous négligeons, parce que nous supposons l'enfoncement peu considérable ; mais elle n'a rien par elle-même qui puisse remettre le mobile au-dessus du plan qu'il a une fois touché.

Applications.

Les corps sans ressort, ou dont l'élasticité est fort imparfaite, sont plus propres que d'autres à rompre les efforts violens, parce qu'ils retardent par degrés la vîtesse du mobile, & qu'ils le réduisent au repos en cédant de plus en moins. Pour bien entendre ceci, il faut faire attention qu'il n'y a nul mouvement, si prompt qu'il puisse être, qui n'employe un tems fini ; ainsi quand le corps *M, Fig.* 13. descend par la ligne *D E*, pour faire la place de son hémisphére dans la terre molle, quoiqu'à nos sens cet effet paroisse se passer dans un instant indivisible, il faut pourtant concevoir

concevoir le tems de cet enfoncement comme partagé en plusieurs
inſtans égaux, pendant leſquels le
mobile déploye ſa force contre les
parties qui cédent. Mais cette force
diminue à chaque inſtant, & elle diminue par des quantités qui croiſ-
ſent beaucoup plus que les tems ;
car au ſecond inſtant les réſiſtances
ſont en plus grand nombre que dans
le premier, puiſque l'hémiſphére plus
enfoncé préſente une plus grande
ſurface à la terre molle qu'il faut re-
pouſſer ; & les parties déja comprimées s'oppoſent davantage à leur déplacement. On peut donc conſidérer les 3 eſpaces D, F, E, comme les
produits de trois inſtans égaux, pendant leſquels le corps M a conſommé toute ſa vîteſſe en parcourant la
ligne $D E$.

Tous les obſtacles qui cédent ainſi,
partagent l'effort du mobile, & arrêtent comme en pluſieurs fois une
puiſſance qui ne manqueroit pas de
les forcer, ſi toute ſon action étoit
réunie dans un tems plus court. Un
tambour réſiſteroit-il à un ſeul coup
qui égaleroit en force la ſomme des

coups de baguettes qu'il reçoit en une heure ? Une planche de chêne arrête-t-elle une balle de mousquet qu'un sac rempli de laine ne manque point d'amortir ?

C'eſt par une ſemblable raiſon, qu'on n'eſt point bleſſé par la chute d'un corps dur qu'on reçoit dans ſa main, pourvû que la main céde pendant quelques inſtans, au lieu de ſe roidir contre. On riſqueroit de rompre la corde, quand on arrête un bateau que le courant de la riviére emporte, ſi l'on ne prenoit la précaution de la filer peu à peu pour vaincre l'effort par degrés.

II. EXPERIENCE.

PREPARATION.

On ſe ſert pour cette expérience de la même machine qui a ſervi pour la précédente, & qui eſt repréſentée par la *Figure* 11. au lieu de la cuvette pleine de terre molle, on y place une tablette de marbre noir bien polie, & enduite d'une très-légére couche d'huile; & la balle qu'on fait tomber par le petit canon de cuivre, eſt d'yvoire.

EFFETS.

Quand on laisse tomber la balle d'yvoire perpendiculairement sur le marbre, après avoir touché le plan, elle remonte par la même ligne qu'elle a suivie en tombant, mais moins haut que le lieu d'où elle est descendue, & l'on remarque sur la tablette une tache ronde qui a environ une ligne de diamétre.

EXPLICATIONS.

Ce que l'on a dit ci-dessus en établissant la question du mouvement réfléchi, suffit pour expliquer le fait que nous venons de rapporter; la tache qu'on trouve sur le marbre, prouve bien que dans le choc il y a eu compression de parties dans l'un des deux corps, & vraisemblablement dans tous les deux, comme on l'a fait voir en parlant du ressort : & comme après l'expérience on retrouve les surfaces dans le même état où elles étoient avant le contact, il est indubitable qu'elles se sont rétablies, & nous avons fait voir que ce rétablissement, s'il étoit parfait, se-

roit fuffifant pour rendre au mobile
dans un fens contraire , tout le mouvement qu'il avoit confommé en fuivant fa première direction. Si cet effet
n'a pas lieu , c'eft que la réfiftance
de l'air s'y oppofe d'une part , &
qu'on a raifon de croire que l'yvoire
& le marbre ne fe rétabliffent pas
avec la même vîteffe , avec laquelle
on peut les comprimer.

APPLICATIONS.

Un corps à reffort que l'on a comprimé , & qui a la liberté de fe remettre , ne revient à fon premier état
qu'après un certain nombre de balancemens, qu'on nomme *vibrations* , &
qu'il eft facile d'appercevoir dans une
lame d'acier , dans une corde de cla-
veffin , dans une branche d'arbre ,
&c. que l'on a pliée & qu'on abandonne à elle-même. Ce mouvement
qui ramène le corps élaftique au-delà
du lieu de fon repos , vient de ce que
la partie comprimée en fe rétabliffant
reprend le même degré de vîteffe
qu'elle a reçu au premier inftant du
choc , & dans un fens contraire,
comme nous l'avons expliqué page

294. Prenons pour exemple une corde de viole ou de clavecin, *Fig.* 14,
tendue entre deux points fixes *G*, *H*,
& contre laquelle on fait heurter un
corps solide avec une quantité de
mouvement suffisante pour la mener
du point *I* au point *K*. Cette percuffion allonge la corde ; car il eft évident que la fomme des deux longueurs *G K* & *H K*, eft plus grande
que *G H*. Si elle eft libre de fe remettre, fon reffort ramenera le point *K*,
en *I*, & alors elle aura dans la direction *I L* une vîteffe égale à celle que
lui avoit fait prendre la percuffion
pour aller en *K*. Cette vîteffe doit
avoir fon effet ; elle doit tranfporter
le point *I* vers *L*, jufqu'à ce que des
réfiftances fuffifantes l'ayent fait ceffer. Mais fi le milieu de la corde fe
meut ainfi, les parties qui la compofent de part & d'autre doivent s'al-
longer, & leur réfiftance affoiblira
de plus en plus ce mouvement ; il fi-
nira enfin, quand toute la vîteffe de
la réaction fera confommée, & l'on
voit que fi la corde en revenant de *K*
en *I*, fe trouve avoir le même degré
de vîteffe qu'elle avoit reçû par le

choc pour defcendre en *K* , la ligne *I L* doit devenir égale à *I K*. Si les refforts étoient parfaits , & que leurs vibrations fe fiffent dans un milieu non-réfiftant , ces fortes de mouve- mens feroient perpetuels. Car lorfque la corde , en vertu de fa réaction, eft parvenue en *L* , elle a le même degré de tenfion qu'elle avoit , lorfqu'elle étoit comprimée au point *K* ; & par conféquent elle auroit la force né- ceffaire pour y retourner à la fecon- de vibration. On en pourroit dire au- tant de la troifiéme , & d'une infinité d'autres ; mais la réaction n'étant ja- mais complette par les raifons que nous avons dit , la feconde vibra- tion a moins d'étendue que la pre- miére , & la troifiéme moins encore que la feconde , & ces diminutions enfin laiffent reprendre à la corde fon premier état.

J'ai pris une corde pour exemple, afin de rendre cette explication plus fenfible ; mais on doit concevoir que la même chofe arrive à tous les corps élaftiques , à la différence près du plus au moins , felon la figure & la roideur de leurs parties. Ainfi la peau

d'un tambour devient alternative-
ment concave & convéxe ; & la
bille d'yvoire qui eft tombée fur un
marbre , ne reprend fa figure fphérique , qu'après avoir été quelque tems
un ellipfoïde , dont le grand diamétre eft de deux fois une , horizontal
& vertical. *Fig.* 15.

C'eft une chofe remarquable , que
le même reffort fait toutes fes vibrations ifochrones , c'eft-à-dire , dans
des tems égaux , foit qu'elles foient
petites ou grandes : & l'on a occafion
d'en voir la preuve , lorfqu'on met en
jeu la machine * avec laquelle nous * 3e. *Leçon*
avons mefuré les frottemens. Car en *Fig.* 5.
comparant les vibrations du reffort
fpiral avec les ofcillations d'un pendule à fecondes , on remarquera très-
facilement que la premiére & la tren-
tiéme fe font dans des tems fenfiblement égaux.

Il faut remarquer encore que les
refforts tendus fe rétabliffent avec
d'autant plus de vîteffe , qu'il a fallu
plus de force pour les tendre ; ainfi
quand deux lames feroient également
élaftiques , fi l'une des deux eft plus
fléxible que l'autre , elle fera des vi-

brations qui auront moins d'étendue ; mais qui feront plus fréquentes, comme nous le ferons voir en parlant des fons.

III. EXPERIENCE.

PREPARATION.

On emploie pour cette expérience la machine qui a servi dans la précédente ; *Fig.* 11. mais au lieu de laisser la tablette de marbre dans sa situation horizontale, on l'incline comme la ligne *A D*, & l'on avance le petit canon *C* dans sa coulisse, de façon qu'il réponde directement au point *E*.

EFFETS.

Si la balle d'yvoire tombe sur la tablette de marbre par la ligne *NE*, elle va par *E F* se loger dans une ouverture pratiquée à la pièce *G*, & dont la largeur est égale à son diamètre ; & l'on peut remarquer à la surface du marbre une tache qui n'est point parfaitement ronde, comme dans l'expérience précédente, mais un peu oblongue, & située de manière que son grand diamètre se trouve dans le plan de réflection.

EXPLICATION.

EXPLICATIONS.

Nous avons suffisamment expliqué les causes du mouvement réfléchi, & l'expérience fait voir que l'angle de réflection *A E F*, est presqu'égal à celui d'incidence *H E D*. Je dois donc moins m'arrêter à établir l'égalité de ces angles, qu'à faire connoître pourquoi celui de réflection n'est pas rigoureusement semblable à l'autre dans le fait. Trois causes concourent à le rendre plus petit : 1°. La balle qui choque, & le plan qui la renvoie, n'ont point un ressort parfait ; la réaction n'est donc pas complette. 2°. L'air qu'il faut diviser pour passer d'*E* en *F*, retarde un peu la vîtesse du mobile ; il est donc plus long-tems en chemin qu'il n'y devroit être, & ce retardement donne lieu au progrès d'une troisiéme cause. Car 3°. la pésanteur agit sur la boule d'yvoire tant qu'elle parcourt *E F*, & la rappelle de haut en bas. C'est pourquoi au lieu de décrire une droite rigoureuse, elle parvient en *G* par une courbe dont l'extrémité est un

Tome I. Dd

peu plus bas que la direction de son mouvement réfléchi.

Mais si l'égalité des angles n'a jamais lieu dans l'état naturel, n'entrevoit-on pas à travers de ces obstacles, qu'elle n'est pas moins une régle établie dans la nature, & fondée sur des loix généralement reconnues?

La petite tache oblongue que l'on voit sur le marbre après le contact, est une preuve que la boule qui choque obliquement un obstacle s'y enfonce par une ligne courbe, comme nous l'avons dit à la page 296, & qu'elle sort de cet enfoncement par une pareille ligne; ainsi le grand diamétre de la tache oblongue est représenté par la ligne *p i. Fig.* 10.

APPLICATIONS.

Le jeu de billiard, & celui de la paume, sont presqu'entiérement fondés sur la régle que nous venons d'établir & de prouver; dans l'un c'est un mobile sphérique, que l'on pousse le plus souvent contre un plan, suivant une direction oblique ou perpendiculaire; dans l'autre, c'est le plan même qu'on présente au mobi-

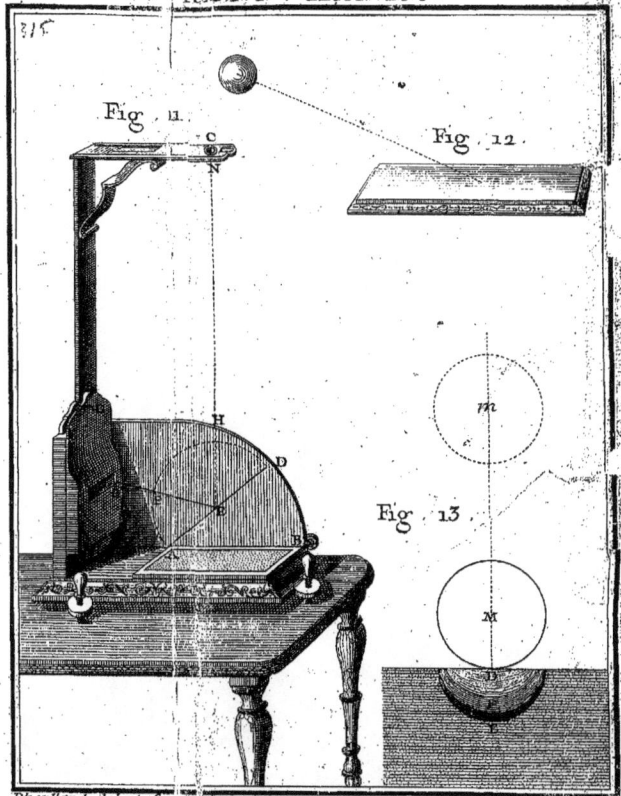

Fig. 11.

Fig. 12.

Fig. 13.

Dheulland del. et Sculp.

le , ſous différens degrés d'inclinai-
ſon , & la principale choſe conſiſte à
bien eſtimer le mouvement refléchi ,
par l'angle d'incidence.

Lorſqu'un boulet de canon tiré horizontalement vient à toucher terre , il rebondit à pluſieurs repriſes, &
l'on remarque ſur le terrain des traces
beaucoup plus longues que profon-
des.C'eſt que le boulet s'enfonce,& ſe
reléve comme la bille de notre expérience , en ſuivant deux courbes qui
ſe joignent au dernier dégré de l'enfoncement, où naît la reflection. Et
comme ſa vîteſſe de haut en bas eſt
beaucoup moindre que ſon mouvement horizontal , il parcourt une
très-grande longueur dans le tems
qu'il deſcend à peu de profondeur;
& de-là vient la grande différence
qu'on remarque dans ces deux dimenſions , lorſqu'on examine les traces dont nous parlons.

✳✳✳
✳✳
✳

III. SECTION.

De la Communication du Mouvement dans le Choc des Corps.

Quoique les obstacles solides qui arrêtent ou qui réfléchissent les corps qui se meuvent, n'ayent leurs effets qu'en vertu du mouvement qui leur est communiqué par le mobile, & que cette communication se fasse selon les régles que nous avons à établir dans cette section ; cependant nous avons cru devoir traiter séparément de cette action des corps, considerée dans les cas où la masse choquée laisse appercevoir des marques de la percussion qu'elle souffre, par un déplacement sensible de tout son volume ; c'est-à-dire, qu'après avoir enseigné ce qui arrive à un mobile, tant par rapport à sa vîtesse que par rapport à sa direction, de la part d'un obstacle inébranlable, ou considéré comme tel, nous allons examiner les changemens dont l'une & l'autre

(la vîteſſe & la direction) ſont ſuſceptibles , quand l'obſtacle eſt déplacé ou peut l'être par le choc. Et pour
procéder du plus ſimple au plus compoſé , nous conſidérerons premiére-
ment les effets de la percuſſion dans
les corps mols , où la réaction n'a pas
lieu , pour paſſer enſuite au choc des
corps à reſſort.

Nous ſuppoſons toujours , pour
rendre notre théorie plus ſimple &
plus facile à ſaiſir ; 1°. Que les corps
qui ſe choquent, ont un reſſort parfait,
ou qu'ils n'en ont point du tout : 2°.
Que leur mouvement ſe fait dans un
milieu ſans réſiſtance , & ſans frottemens ; de ſorte que la doctrine que
nous allons expoſer ſeroit fauſſe , ſi
les faits qu'elle annoncera , ſe trou-
voient exactement repréſentés par
l'expérience , puiſque les empêchemens dont nous faiſons abſtraction ,
entrent néceſſairement pour quelque
choſe dans les réſultats. Ainſi nos
preuves ne doivent paſſer pour juſ-
tes , que quand elles paroîtront faire
un peu moins que ce qu'on en aura
attendu. Si , par exemple , le corps
A , venant heurter le corps *B* , *Fig.*

16. faifoit fur lui toute l'impreffion qu'il peut faire, en vertu du mouvement qu'il a en partant du point *a*; il auroit fait plus, puifqu'il auroit encore vaincu les frottemens, la réfiftance du milieu, &c. Il n'exercera donc fur le corps *B*, qui eft fon dernier obftacle, que ce qui lui reftera de force après avoir furmonté les autres; & fi l'on ne tient pas compte de ce qu'il aura perdu pour vaincre ceux-ci, on ne doit pas s'attendre à un effet complet lorfque le choc fe fera en *b*.

Nous ne confidérons ici que le choc direct, c'eft-à-dire, celui de deux corps dont les centres de gravités fe trouvent dans la direction de leurs mouvemens, comme dans la *Fig.* 16. & pour en rendre l'exécution plus facile, nous ferons toutes nos expériences avec des corps fphériques, que nous fufpendrons à des fils *Fig.* 20. fort déliés * afin de diminuer autant qu'il eft poffible les frottemens & la réfiftance de l'air: & comme nous aurons fouvent befoin de connoître le degré de vîteffe de ces petits globes, nous les tiendrons fufpendus à des points fixes, autour defquels ils pourront décrire des arcs de cercles qui feront mefurés par des graduations. * Ce * Fig. 21. que nous enfeignerons dans la fuite touchant la pefanteur, fera connoître comment on peut par la grandeur de ces arcs régler la vîteffe des corps qui les décrivent. C'eft un procédé qui a été employé avec fuccès par plufieurs habiles Phyficiens, & fur-tout par M. Mariotte. La machine dont je me fers, & qui eft repréfentée par la *Figure* 17. n'eft autre chofe que la fienne, dont j'ai étendu les ufages, & que j'ai rendue plus commode.

Avant que deux corps fe choquent, il y a entre eux un efpace qui doit être parcouru, ou par l'un des deux entiérement, ou en partie par l'un, & en partie par l'autre : autrement il n'y auroit point de choc. Cet efpace ne peut être parcouru que dans un certain tems, & la durée de ce tems mefure la vîteffe *refpective* de ces deux corps ; c'eft-à-dire, la vîteffe avec laquelle la diftance diminue, foit que l'un des deux refte en repos, foit qu'ils fe meuvent tous deux dans le même sens , ou en sens contraires, également, plus ou moins vîte l'un que l'autre : de sorte que si deux corps *A*, *B*, *Fig.* 16. distans de 4 pieds, se joignent en une seconde, la vîtesse respective est la même , soit que *B* seul parcoure l'espace entier , soit qu'il rencontre *A* venant à lui au deuxiéme où au troisiéme pied , &c. pourvû que le mouvement qui les approche l'un de l'autre se passe dans une seconde. Il ne faut donc pas confondre cette vîtesse respective avec la vîtesse *absolue* , ou propre de chaque mobile ; car on voit par cet exemple, que celle-ci peut varier dans des cas où l'autre ne changeroit point.

La vîtesse respective étant donnée, il faut encore considérer les masses ; car le corps choqué oppose son inertie au corps choquant , & nous avons vû ailleurs que cette espéce de résistance se mesure par la quantité de matiére contenue & liée sous le même volume. Ainsi l'on doit s'attendre que dans le choc une grande masse recevra moins de vîtesse qu'une plus petite ; & que pour faire prendre plus de mouvement à un même corps , il en faudra donner auffi davantage au mobile qui doit le communiquer, parce que l'inertie réfifte non-feulement au mouvement, mais auffi à un plus grand mouvement, comme nous l'avons prouvé ailleurs.

Quand nous avons parlé du mouvement en général, nous nous fommes abftenus d'examiner la nature de cette efpéce d'être, ou de modification, parce que ces fortes de queftions appartiennent plutôt à la Métaphyfique, qu'à la Phyfique expérimentale. Par la même raifon nous ne nous arrêterons pas à difcuter de quelle maniére la vîteffe paffe d'un corps à l'autre. Nous nous bornerons aux faits qui peuvent être conftatés; & en parcourant les cas les plus généraux, nous établirons par voie d'expérience des propofitions qu'on pourra regarder comme des principes ou des loix, aufquelles on pourra rapporter d'autres effets plus détaillés, comme autant de conféquences.

ARTICLE PREMIER.

Du Choc des Corps non-Elastiques.

PREMIERE PROPOSITION.

Quand un corps en repos est choqué par un autre corps, la vîtesse du corps choquant doit se partager entre les deux selon le rapport des masses.

C'est-à-dire, qu'après le choc, les deux corps continueront de se mouvoir selon la direction du corps choquant ; & que la vîtesse de celui-ci ayant été diminuée par la résistance de l'autre, le restant qui sera commun aux deux, doit être d'autant moindre, que le corps choqué aura plus de masse.

Ainsi le corps en repos ayant été choqué par une masse égale à la sienne, la vîtesse après le choc sera réduite à moitié.

Il restera les deux tiers de la vîtesse, si le corps qui choque est double de l'autre.

Si c'est le corps choqué qui est double en masse, la vîtesse après le

choc ne fera que le tiers de ce qu'elle
étoit avant : mettons ces trois cas
en expériences.

PREMIERE EXPERIENCE.

PREPARATION.

La machine qui eſt repréſentée par
la *Fig.* 17. étant diſpoſée de façon que
le fil à plomb ſoit parallele à la ligne
A B ; que les deux fils de ſuſpenſion
C D, *E F*, ſoutiennent dans une même ligne, & à même hauteur, les
centres de deux boules de terre molle, qui péſent chacune 2 onces,
& de maniére qu'étant en repos leurs
ſurfaces ſe touchent en un point ;
que la premiere graduation de chacune des deux régles mobiles *G*, *H*,
ſoit vis-à-vis de chacun des fils, &
qu'enfin le petit curſeur ou index *L*,
ſoit placé un peu avant la troiſiéme
graduation de la régle *G*, & l'autre
index *M*, vis-à-vis la ſixiéme de l'autre régle *H*.

EFFETS.

La boule *F* portée en *M*, & aban-
donnée à ſon propre poids, va frapper l'autre boule *D* ; l'une & l'autre

s'applatiffent également à l'endroit
du contact, & après le choc elles fe
meuvent toutes deux du même côté,
& le fil qui fufpend la boule *D*, va
toucher l'index *L*.

EXPLICATIONS.

Quand la boule *F* eft tombée par
un arc de fix graduations, fi elle ne
trouvoit point d'obftacles, elle re-
monteroit dans la partie oppofée,
par un arc femblable. C'eft une chofe dont on peut s'affurer en ôtant de
fon chemin la boule *D*, & nous en
dirons la raifon en expliquant les phénoménes de la pefanteur. Ainfi lorfqu'en venant du point *M*, elle fe
trouve en *F*; fon mouvement alors
eft tel, qu'il peut élever fa maffe de
deux onces dans un arc de fix graduations. Mais une force qui peut
tranfporter une maffe de deux onces
à fix degrés de diftance dans un tems
donné, ne peut porter qu'à la moitié de cette diftance une maffe double en pareil tems. Or quand la boule *F* rencontre la boule *D*, qui ne lui
permet de paffer outre qu'en l'em-
portant avec elle; c'eft une vîteffe de

, degrés appliquée à une masse de
onces , & l'une & l'autre ensem-
le doivent cesser de se mouvoir ,
près avoir parcouru seulement trois
graduations , comme l'expérience le
fait voir.

Il se fait dans le tems du choc un
applatissement aux deux boules , &
dans le cas présent cet applatissement
est égal de part & d'autre ; ces deux
faits méritent d'être observés & ex-
pliqués.

Nous avons déja dit que rien ne
se fait avec précision, & par saut, dans
la nature ; & que les effets les plus
prompts , & qui paroissent instanta-
nés à nos sens, ne sont jamais produits que dans un tems fini , c'est-à-
dire, dans un tems dont la durée
n'est pas la plus courte qu'on puisse
imaginer. Lorsque les deux boules
commencent à se toucher, les parties
les plus avancées de la boule choquante ont déja perdu une partie de
leur vîtesse , pendant que le centre
& les parties les plus reculées ont
encore toute la leur ; ce n'est donc
qu'après quelques instans (fort courts
à la vérité) que cette masse rallentie

prend une vîteſſe également retardé
dans toutes ſes parties. Mais ſi les parties d'un corps ſe meuvent plus vîte
les unes que les autres , leur poſition
relative , ou (ce qui eſt la même choſe) la figure du corps doit être chan-
gée. L'applatiſſement de la boule F
eſt donc un effet & une preuve de
ſa vîteſſe retardée ſucceſſivement en
pluſieurs tems.

On doit dire la même choſe de la
boule choquée : elle ne paſſe pas
toute en un même inſtant de ſon état
de repos à trois degrés de vîteſſe ;
les parties immédiatement expoſées
au choc , ſe meuvent & plutôt &
plus vîte que le centre & l'hémiſphére qui eſt au-delà ; & ces déplace-
mens ſucceſſifs occaſionnent une in-
troceſſion de matiére qui change la
figure.

Mais ces applatiſſemens dans l'une
& dans l'autre boule, ſont cauſés par
l'inertie qui s'oppoſe au changement
d'état de chacune d'elles ; & cette
inertie eſt égale à la maſſe : ainſi dans
le choc de deux corps, dont les poids
ſont égaux & de même matiére , les
applatiſſemens doivent auſſi ſe faire
également de part & d'autre.

426

Fig. 14

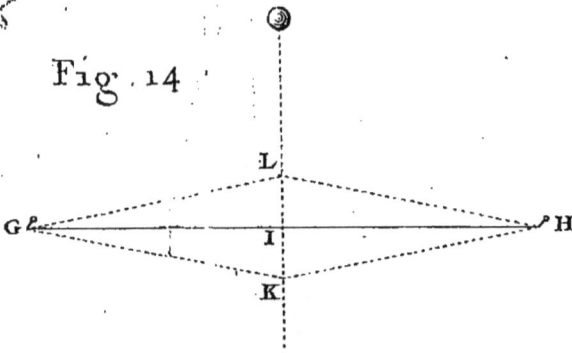

Fig. 15

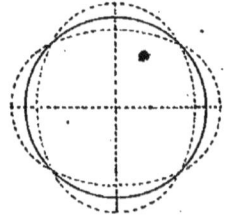

Fig. 16

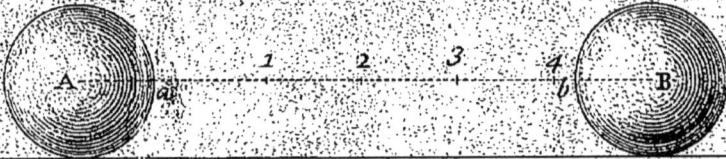

Fig. 18

Fig. 19

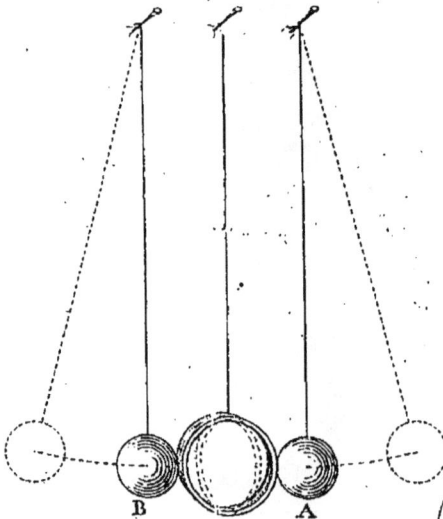

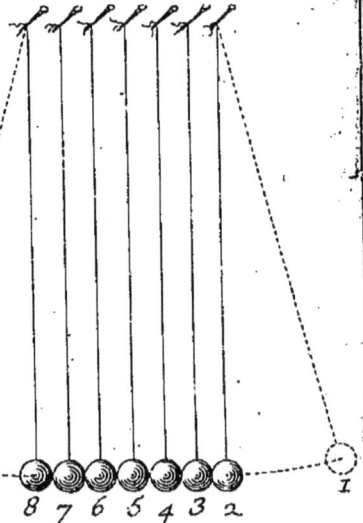

Dheulland del. et Sculp.

II. EXPERIENCE.

PREPARATION.

On fait la boule *D* de 4 onces, la boule *F* de 2 onces : on laisse la première en repos, & l'on donne à l'autre 6 degrés de vîtesse, le reste étant disposé comme dans l'expérience précédente.

EFFETS.

Après le choc, les deux boules continuant de se toucher parcourent ensemble deux graduations, & l'applatissement de part & d'autre est plus grand que dans le cas précédent.

EXPLICATIONS.

La boule *F* en descendant de 6 graduations reçoit 6 degrés de vîtesse, c'est-à-dire, qu'elle peut porter son propre poids l'espace de 6 graduations vers la partie opposée. Mais ce poids étant augmenté de deux tiers en sus par la rencontre de la boule *D*, qu'elle emporte avec elle, sa force ne suffit plus que pour un tiers de l'espace qu'elle auroit parcouru si rien ne s'étoit oppofé à fon paffage.

Quant à l'applatiffement, il doit être d'autant plus grand que le corps choqué a réfifté plus long-tems à fon déplacement ; puifque , comme nous l'avons dit, c'eft cette réfiftance qui interrompt l'uniformité de vîteffe dans les parties de chaque boule : or dans le cas préfent, la boule *D* réfifte une fois plus que n'auroit fait une boule de deux onces. Il y a donc eu lieu à l'enfoncement d'un plus grand nombre de parties.

III. EXPERIENCE.

PREPARATION.

Dans cette expérience on procéde comme dans les deux autres ; excepté feulement qu'on donne à la boule *D* , qui eft en repos , deux onces de maffe , & quatre onces à la boule *F* que l'on fait mouvoir avec 6 degrés de vîteffe.

EFFETS.

Les deux boules unies après le choc parcourent quatre graduations; & les applatiffemens font moins forts que dans les deux cas précédens.

EXPLICATIONS.

EXPLICATIONS.

Ce que nous avons dit pour expliquer les deux expériences précédentes, suffit pour rendre raison de celle-ci. Il faut toujours considérer les
deux boules après le choc comme
ne faisant qu'une même masse ; & l'on
doit faire attention aussi, que 6 degrés
de force qui pouvoient porter une
masse de 4 onces dans un espace de
6 graduations, n'en peuvent pas
transporter une de 6 aussi loin. Si
la résistance de 4 onces devoit consumer toute la force après cet espace parcouru, un tiers d'augmentation au poids doit aussi diminuer le
tiers de l'espace ; & par conséquent
au lieu de 6 graduations qu'auroit
fait la boule F toute seule & sans obstacle, étant jointe à la boule D qu'elle a mise en mouvement, elle n'en
peut plus faire que 4.

Mais comme la boule D qui ne
pése que deux onces, a moins résisté
que lorsqu'elle en pésoit quatre ou
trois, elle a moins donné lieu à l'enfoncement de ses parties, & réciproquement elle a moins retardé les par-

ties antérieures de la boule *F*. Car on conçoit aisément que si elle prenoit tout d'un coup , & dans un instant indivisible , toute la vîtesse qui lui doit être communiquée , il n'y auroit aucun applatissement de part ni d'autre , puisqu'elle fuiroit devant la boule *F* dès l'instant du contact , avec une vîtesse égale à celle du corps choquant , ce qui la feroit échapper à son action.

APPLICATIONS.

Puisque dans le choc où l'un des deux corps est en repos , la vîtesse du corps choquant diminue à proportion de la masse du corps choqué , on doit en tirer cette conséquence , que le mouvement doit être insensible après le choc , si celui qui est en repos , est infiniment plus grand que celui qui vient le frapper ; & c'est par cette raison , sans doute , qu'un boulet de canon paroît avoir perdu tout son mouvement , quand on l'a tiré contre un rempart ou contre une grosse tour ; car la vîtesse qui lui reste après le coup est à celle qu'il a communiquée , comme sa masse est à cel-

le de l'obstacle qu'il a frappé, c'est-
à-dire, comme une quantité infiniment petite à une quantité infiniment
grande.

C'est aussi en conséquence de ce
principe, que l'on dit, que la plus
grosse masse est toujours déplacée
(quoiqu'infiniment peu) par la percussion du plus petit corps. Mais je
ne vois pas qu'on soit obligé d'admettre cette proposition comme une
suite nécessaire de la loi que nous venons d'établir, à moins qu'on ne suppose le corps choqué absolument inflexible; autrement, s'il est aussi grand
qu'on peut l'imaginer, sa résistance
fera assez durable pour consumer
toute la vîtesse sensible du mobile par
l'introcession des parties occasion-
née par le choc.

Les expériences que nous venons
de rapporter, nous apprennent aussi
pourquoi en général tous les corps
se rompent, ou perdent plutôt leur
figure en heurtant contre des obstacles inébranlables, que lorsqu'ils en
rencontrent de mobiles. Une chaloupe se brise contre un rocher, & elle
ne périt point par le choc d'une au-

tre chaloupe qu'elle rencontre en repos. C'eſt que le rocher ne cédant
que peu ou point au mouvement
de la chaloupe, les parties de celle-
ci qui commencent le choc, ont déja perdu toute leur vîteſſe, pendant
que les autres ont encore toute la
leur. Il ſe fait donc un changement
de figure, les piéces ſont contraintes
& ſe rompent, ſi le choc eſt aſſez
violent : au lieu que ſi le bateau rencontre un corps flottant qui obéiſſe
à ſon impulſion, les parties expoſées
au choc ne ſont point entiérement
arrêtées, & les autres ſont peu-à-peu
retardées comme elles.

Les ouvriers qui travaillent du
marteau diſent, que le coup porte à
faux, quand la matiére qu'ils travaillent lui échappe, ſoit parce
qu'elle n'eſt pas ſuffiſamment ſoute-
nue, ſoit parce que l'inſtrument eſt
mal dirigé : & le forgeron ſe plaint
avec raiſon d'une enclume trop légére, ou qui eſt placée ſur un plancher peu ſolide ; car alors le fer qu'il
travaille, cédant avec ſon point d'appui, le coup n'a point tout ſon effet, comme il l'auroit ſi l'enclume

plus immobile tenoit dans un parfait
repos le côté du fer qui la touche,
pendant que le marteau frappe fur
l'autre.

Le jeu du mail a tant de rapport
à notre premiére propofition fur le
choc des corps, & aux expériences
que nous avons employées pour la
prouver, qu'il eft prefqu'inutile d'en
faire ici l'application. Pour peu qu'on
y faffe attention, on verra bien-tôt
fur quoi font fondées les proportions
qu'il faut mettre entre la maffe du
mail & la boule ; comment l'un au
moyen d'un long manche, reçoit du
joueur une très-grande vîteffe ; pourquoi, & dans quel rapport, une partie de cette vîteffe eft communiquée
à l'autre, &c.

II. Proposition.

*Quand deux corps qui fe meuvent du
même fens avec des vîteffes inégales,
viennent à fe heurter, foit que leurs maffes foient égales, ou non, ils continuent
de fe mouvoir enfemble & dans leur premiére direction, avec une vîteffe commune, moins grande que celle du corps cho-*

quant, mais plus grande que celle du corps choqué, avant la percussion.

Dès qu'on suppose que les deux corps se meuvent dans le même sens, il faut nécessairement que celui qui précéde aille moins vîte que l'autre pour être choqué ; car s'ils alloient tous deux avec des vîtesses égales, il est évident qu'ils ne s'approcheroient point, & par conséquent il n'y auroit point de choc. Quand le corps qui a le plus de vîtesse rencontre celui qui en a moins, la lenteur de l'un fait obstacle à l'autre ; mais cet obstacle est mobile, & il doit partager l'excès de vîtesse du corps choquant, à raison de sa masse, comme on l'a fait voir ci-dessus. Les expériences qui suivent, feront connoître dans quel rapport la vîtesse est retardée dans l'un & accélérée dans l'autre.

PREMIERE EXPERIENCE.

PREPARATION.

Il faut faire les boules *D* & *F* du poids de 2 onces chacune, & les laisser tomber en même tems, l'une par

un arc de 3 graduations, & l'autre par
un arc de 6, pris du même côté.

EFFETS.

Ces deux boules se joignent à l'endroit où leurs fils de suspension se
trouvent perpendiculaires à l'horizon : il se fait à l'une & à l'autre un
petit applatissement, après quoi elles continuent de se mouvoir ensemble du même côté, & remontent un
arc de 4 graduations $\frac{1}{2}$.

EXPLICATIONS.

La boule F ayant 6 degrés de vîtesse propre contre 3, s'est approchée
de la boule D avec une vîtesse respective, qui étoit 3 excès de 6 sur 3.
Nous dirons ailleurs pourquoi lorsque leur mouvement se fait dans des
arcs du même cercle, quoiqu'iné-
gaux, les deux boules se choquent
précisément à l'endroit le plus bas de
leur chûte.

Quant aux enfoncemens des parties qui se touchent dans le choc,
ils doivent être proportionnels à la
vîtesse respective, qui est moindre
que la vîtesse absolue ou propre de

la boule choquante , dans le cas préfent, où la boule choquée qui fe meut
du même fens , échappe en partie à
fon effort.

Enfin les deux boules remontent
enfemble un arc de 4 graduations $\frac{1}{2}$;
c'eft-à-dire que leur vîteffe commu-
ne comparée à celle de la boule F
avant le choc , fe trouve diminuée
d'un quart ; & c'eft à quoi l'on devoit s'attendre : car le corps choquant
ayant 6 degrés de vîteffe , & rencontrant un autre corps d'une maffe égale à la fienne qui n'en a que 3 , doit
en perdre autant qu'il faut qu'il en
communique à l'autre pour le mettre
en état d'aller auffi vîte que lui : or
l'égalité des maffes exige qu'il lui en
donne 1 & $\frac{1}{2}$, qui eft la moitié de 3 ,
différence des deux vîteffes avant le
choc : & 1 & $\frac{1}{2}$ ôté de 6 & ajouté à
3 , fait qu'il fe trouve 4 & $\frac{1}{2}$ dans
l'un , & autant dans l'autre.

II. EXPERIENCE.

PREPARATION.

Cette expérience fe fait comme
la premiére , avec cette différence
que

que la boule *D* péſe 4 onces, & la
boule *F* 2 onces : les vîteſſes reſtant
dans le rapport de 3 à 6.

EFFETS.

Après le choc les deux boules continuent de ſe mouvoir enſemble ; les
applatiſſemens ſont plus grands que
dans l'expérience précédente, & l'arc
qu'elles parcourent eſt de 4 graduations.

EXPLICATION.

Tout ce que nous avons dit pour
expliquer la premiére expérience,
ſuffit pour faire entendre celle-ci ; il
ne s'agit que d'appliquer les mêmes
raiſons en gardant les proportions.
L'excès de vîteſſe dans la boule *F*
avant le choc étoit 3, qui a dû diminuer des deux tiers par la réſiſtance
de la boule *D*, dont la maſſe eſt double : ainſi après le choc il a dû ſe
trouver 4 degrés de vîteſſe, puiſque
de 6 qui étoient dans le corps choquant, il ne s'en eſt perdu que 2, par
l'action qui a rendu la vîteſſe uniforme dans les deux boules.

Les applatiſſemens ont été plus

Tome I.   F f

338 **LEÇONS DE PHYSIQUE**

grands que dans la premiére expérience ; parce que la réfiftance du
corps choqué a été plus forte : c'eft
ce que l'on reconnoîtra d'abord, fi
l'on fait attention que la boule *D*
étant de 4 onces, a confommé un
tiers de la vîteffe du corps choquant,
au lieu qu'étant feulement de 2 onces dans le cas précédent, elle n'en
a confommé que le quart.

III. EXPERIENCE.

PRÉPARATION.

On donne à la boule *D* 2 onces
de maffe, à la boule *F* 4 onces, &
l'on met les vîteffes dans le rapport
de 6 à 3.

EFFETS.

La boule *D* après le choc eft em-
portée par la boule *F*, de forte qu'elles parcourent enfemble un arc de 5
graduations ; & les applatiffemens
font moindres que dans les deux expériences précédentes.

EXPLICATIONS.

La boule *F* partageant fon excès

de vîtesse qui est 3, avec une masse qui est moitié moins grande que la sienne, en retient les deux tiers; les deux masses jointes ensemble après le choc, doivent donc représenter 6 degrés de vîtesse, moins un, que la résistance du corps choqué a retranché, avant que de prendre un mouvement uniforme à celui du corps choquant.

Les applatissemens ont été moins grands que dans les cas précédens, parce que la résistance a été moins forte de la part du corps choqué; car 2 onces de masse résistent moins à 4 onces, que 4 à 2, ou 2 à 2; les vîtesses étant toujours en même rapport.

APPLICATIONS.

Il est aisé de voir par les expériences de la seconde proposition, qu'après le choc de deux corps, dont l'un va plus vîte que l'autre dans la même direction, les vîtesses propres, pour devenir uniformes, changent dans l'un de plus en moins, & dans l'autre de moins en plus; puisque celle du corps D a toujours été augmentée, & que celle du corps *F* au contraire a toujours souffert quelque diminution. C'est ainsi qu'un bateau qui obéit à l'impulsion des rames, reçoit un accroissement de vîtesse en retardant celle d'un volume d'air agité, dans la direction duquel on le méne; il va moins vîte que le vent, mais son mouvement est toujours plus prompt que s'il n'alloit qu'à force de bras.

Le vol le plus rapide, la course la plus légére, n'empêche pas que le plomb du chasseur ne frappe la piéce de gibier qui fuit devant lui; mais à égale distance le coup est moins sûr que si l'animal étoit posé, ou qu'il vînt en sens contraire : & l'on sçait qu'un liévre, un chevreuil, &c. tiré en flanc, est plus facilement arrêté, que quand il fuit devant le coup. Une des raisons qu'on en peut donner, c'est qu'alors la vîtesse respective du plomb est plus grande, parce que l'animal se meut dans une direction qui ne l'éloigne que peu ou point du chasseur, & qu'à cet égard il est comme fixe. Nous avons vû par les expériences de la premiére proposition, qu'en pareil cas, le choc eſt plus grand.

III. Proposition.

Si les deux corps qui doivent ſe cho-
quer , ſe meuvent en ſens directement con-
traires , le mouvement périra dans l'un
& dans l'autre , ou au moins dans l'un
des deux : s'il en reſte après le choc ,
les deux corps iront du même ſens ; &
la quantité de leur commun mouvement
ſera égale à l'excès de l'un des deux avant
le choc.

C'eſt-à-dire, que dans le cas où les deux mouvemens ſeroient égaux avant le choc, les deux mobiles ſe-roient réduits au repos. Et ſi l'un des deux avant le contact en avoit davan-tage , il ne reſteroit après la percuſ-ſion que la quantité excédente , qui ſeroit le mouvement commun des deux corps. Deux expériences met-tront ceci en évidence.

PREMIERE EXPERIENCE.

Preparation.

La boule *D* péſant 2 onces , & la boule *F* autant , on éléve l'une par

un arc de 6 graduations d'une part,
& l'autre par un arc femblable du
côté oppofé ; & on les laiffe tomber
en même tems.

EFFETS.

Ces deux corps fe rencontrent au
lieu le plus bas de leur chûte où ils
demeurent en repos ; & leurs applatiffemens font plus grands que dans
les cas où la boule *F* eft tombée par
un arc femblable contre *D* en repos,
ou qui fuyoit devant elle.

EXPLICATIONS.

Dans cette expérience la quantité
du mouvement eft égale de part &
d'autre ; car dans l'une & dans l'autre
boule avant le choc, on compte 6
degrés de vîteffe multipliés par 2 onces de maffe. Deux corps qui fe rencontrent allant en fens contraires, fe
font réciproquement réfiftance ; ici
de part & d'autre la force ou la puiffance eft retenue en équilibre par une
réfiftance égale, & cet équilibre fait
naître le repos dans les deux mobiles.
Les applatiffemens font plus grands
qu'ils n'ont été dans les expériences

des deux premiéres propofitions , où
nous avons toujours donné 6 degrés
de vîteffe au corps choquant ; mais
il faut faire attention que dans celle-
ci la vîteffe refpective d'où dépend
la force du choc, eft doublée ou plus
que doublée. Car lorfque la boule *D*
étoit en repos avant le choc, la vîteffe refpective de *F* n'étoit autre
chofe que fa vîteffe propre , c'eft-à-
dire , 6 ; ou moins que 6 , lorfque la
boule *D* fuyoit devant elle : ici les
deux boules ayant chacune 6 degrés
de vîteffe propre en allant l'une vers
l'autre, la vîteffe refpective eft 12 ;
c'eft-à-dire , que l'efpace qui les fépare avant le choc, eft parcouru en
une fois moins de tems.

II. EXPERIENCE.

PREPARATION.

On fait mouvoir les deux boules
D & *F* l'une vers l'autre , comme
dans l'expérience précédente, & l'on
met leurs quantités de mouvement
dans le rapport de 12 à 24 , en doublant la maffe ou la vîteffe de *F*.

F f iiij

Effets.

Les deux boules après le choc continuent de se mouvoir dans la direction d'*F* avec 2 degrés de vîtesse, si l'on a doublé le mouvement par la masse, ou avec 3, si c'est par la vîtesse.

Explications.

Si les 24 degrés de mouvement de la boule *F* lui viennent de 4 onces de masse & de 6 degrés de vîtesse : lorsqu'elle rencontre la boule *D* venant contre elle avec 12 degrés de mouvement, produit de 2 onces par 6 de vîtesse, elle oppose sa double masse & la moitié de sa vîtesse pour l'arrêter, & cela suffit ; car 3 de vîtesse multipliant 4 de masse, égale tout le mouvement de la boule *D* qui est 12 ; il reste donc à la boule *F* 3 degrés de vîtesse, avec lesquels elle continue d'agir sur *D*, qu'on doit considérer comme en repos immédiatement après le contact. Mais elle ne peut mouvoir un corps en repos qu'en lui communiquant de la vîtesse aux dépens de la sienne, & nous

avons vû que cette communication
se fait en raison des masses ; comme
la boule *D* n'a que 2 onces de masse,
contre 4, la boule *F* ne perd qu'un
tiers de la vîtesse qui lui reste ; ainsi
la vîtesse commune après le choc est
2 pour deux masses qui prises ensemble égalent 6 onces.

On voit donc, 1°. que le mouvement qui reste après le choc, est égal
à la différence des deux quantités
avant le choc ; car 12 est l'excès de
24 sur 12 : 2°. que cette différence
divisée par la somme des masses, donne la vîtesse commune après le choc ;
car 12 divisé par 6, somme de 2 &
de 4 onces, donne 2 de vîtesse,
comme l'expérience l'a représenté.

On trouveroit la même chose, si
l'on avoit doublé le mouvement de
la boule *F*, en doublant sa vîtesse
propre. Car alors pour arrêter la boule *D* qu'on suppose avoir 12 degrés
de mouvement, & égale en masse,
elle perdroit 6 degrés de vîtesse ; &
pour l'emporter avec elle, il faudroit
qu'elle lui en communiquât encore
3, de 6 qui lui restent. Après le choc,
il resteroit donc 3 degrés de vîtesse

commune à 4 onces de maffe , fomme des deux boules , & par conféquent la quantité de mouvement feroit toujours 12 , différence de 24
à 12.

APPLICATIONS.

Ces dernieres expériences font
connoître en général , pourquoi il
faut employer plus de force pour repouffer un mobile dans un fens contraire à fon mouvement, que pour
l'arrêter fimplement : car non-feulement il faut employer une force équivalente à la fienne pour vaincre fon
premier mouvement ; mais il faut encore ajouter toute celle qui eft néceffaire pour lui en faire reprendre
un autre. C'eft pourquoi l'on fait plus
d'effort pour faire rétrograder une
boule qui roule fur un plan , que
pour la fixer en s'oppofant à fon
paffage. Mais nous avons vû en même-tems, que l'effort d'un mobile qui
vient contre un autre peut croître ,
& par la vîteffe , & par la maffe. On
ne doit donc pas être furpris que les
joueurs de paume trouvent quelquefois le batoir ou la raquette trop le-

gére ; puifqu'en fuppofant le coup
frappé avec la même vîteffe, fon effet
doit être moins grand fi la maffe avec
laquelle il eft porté eft plus foible.

Il fuit des deux premieres propofitions & des expériences qu'on a employées pour les prouver : 1°. Que
quand les mouvemens ne font point
réciproquement oppofés , les deux
maffes réunies après le choc repréfentent la même quantité de mouvement qui fubfiftoit dans l'une d'elles,
ou dans toutes les deux avant le contact. Prenons la premiere expérience
de la premiere propofition pour
exemple.

Avant le choc, tout le mouvement réfidoit dans la boule F , &
fa quantité étoit 12 , produit de 6
degrés de vîteffe par 2 onces de
maffe. Après le choc , la quantité du
mouvement dans les deux boules
réunies eft encore 12 , produit de 4
onces de maffe par 3 de vîteffe commune. On peut aifément appliquer
ce calcul aux autres expériences , &
l'on trouvera toujours la même chofe.

De cette premiere conséquence, il en naît une autre ; c'est que si l'on connoît la vîteſſe commune après le choc, on peut connoître quelle eſt la ſomme des maſſes ; & réciproquement la ſomme des maſſes fera connoître la vîteſſe commune. Prenons pour exemple la premiere expérience de la ſeconde propoſition.

La ſomme des mouvemens avant le choc, étoit 18, ſçavoir 12, produit de 2 onces par 6 de vîteſſe ; & 6, produit de 2 onces par 3 de vîteſſe. Selon la premiere conséquence, après le choc les deux maſſes doivent repréſenter enſemble une quantité de mouvement qui égale 18. Je ſçai que la maſſe totale eſt 4 onces ; je diviſe 18, quantité du mouvement, par 4, ſomme des maſſes, & j'ai $4\frac{1}{2}$ pour la vîteſſe commune.

De même je ſçai que la vîteſſe commune eſt $4\frac{1}{2}$; je connois que la ſomme des maſſes eſt 4, en diviſant 18 par $4\frac{1}{2}$.

Enfin l'on voit par la troiſiéme propoſition, 1°. que quand les corps ſe heurtent en ſens contraires, il périt une partie du mouvement ; 2°. que l'on peut juger, comme dans les autres cas, par la vîtesse commune après le choc, & par le rapport des masses, quelles ont été les vîtesses propres avant le choc ; ou bien quel est le rapport des masses, par la comparaison de la vîtesse commune, avec les vîtesses propres.

ARTICLE II.

Du Choc des Corps à ressort.

DANS toutes les expériences qui ont servi de preuves aux propositions énoncées sur le choc des corps non-élastiques, nous avons toujours observé deux effets principaux, sçavoir une communication de mouvement du corps choquant au corps choqué, & un changement de figure ou applatissement à l'un & à l'autre à l'endroit du contact. Ces deux effets ont une cause commune, qui est la percussion ; c'est par cette action que la vîtesse se transmet, & se distribue uniformément entre les deux masses : mais pendant que cette répartition se fait entre les deux corps, leurs figures changent, & l'applatis-

fement qui en réfulte dépend particuliérement de la réfiftance plus ou
moins longue du corps choqué :
c'eft pourquoi , quand bien même la
vîteffe refpective feroit toujours la
même , la grandeur des applatiffemens varieroit toujours, fuivant le
rapport des maffes qui fe choquent,
comme on a pu le remarquer par les
expériences précédentes.

Dans le choc des corps à reffort,
la nature fuit toujours les mêmes
loix qu'elle s'eft prefcrites, & que
nous avons reconnues dans la percuffion des corps non-élaftiques :
mais comme les parties enfoncées
par le choc fe rétabliffent, avec la
même vîteffe qu'elles ont été déplacées, ce dernier effet qui fe mêle à
celui du mouvement communiqué
par le choc , apporte beaucoup de
changement aux réfultats.

Il faudra donc foigneufement diftinguer deux fortes de mouvemens
dans la percuffion des corps élaftiques , l'un qui eft indépendant du
reffort, & que nous nommerons *mouvement primitif ;* l'autre qui naît de la
réaction des corps applatis ou com-

primés dans le choc, & que nous appellerons *mouvement de reſſort*, *mouvement reflêchi*, ou ſimplement *réaction*.

PREMIERE PROPOSITION.

Quand un corps à reſſort va frapper un autre corps à reſſort qui eſt en repos, ou qui ſe meut du même ſens que lui ; celui-ci après le choc ſe meut dans la direction du corps qui l'a frappé, & avec une vîteſſe compoſée de celle qui lui a été donnée immédiatement, ou par communication, & de celle qu'il acquiert par ſa réaction après le choc ; & le corps choquant dont le reſſort agit en ſens contraire, perd en tout ou en partie, ce qu'il avoit gardé de ſa vîteſſe premiere : & ſi ſon mouvement réflêchi excéde le reſtant de ſa vîteſſe premiere, il rétrograde ſuivant la valeur de cet excès.

Ces expreſſions générales s'entendront mieux, ſi nous en faiſons des applications. Suppoſons donc que les maſſes ſoient égales ; en conſéquence de cette premiere propoſition, je dis qu'après le choc, celui des deux corps qui étoit en repos, recevra tant par communication que par ſa réaction, une quantité de mouvement égale à celle qu'avoit l'autre corps avant la percuſſion ; & que ce-lui-ci ſera réduit au repos par ſon reſſort, qui détruira le reſte de ſa vî-teſſe primitive.

Si l'on ſuppoſe les maſſes inégales, & que le corps choqué ſoit le plus petit, tous deux après le choc iront dans la direction du corps choquant ; mais celui-ci aura moins de vîteſſe que l'autre.

Enfin ſi le corps choqué a plus de maſſe que l'autre, il ira ſeul dans la direction du corps choquant, & ce-lui-ci retournera en arriére.

Réaliſons ces trois ſuppoſitions par autant d'expériences qui ſerviront de preuves à notre premiere propoſi-tion, & aux conféquences que nous en tirerons. Nous employons des bou-les d'yvoire bien rondes, que l'on ſuſpend à des fils comme celles de terre molle, & avec la même ma-chine.

PREMIERE EXPERIENCE.

PREPARATION.

La boule *D* en repos, peſe 2 on-ces;

ces ; la boule *F* qui eſt égale, deſcend par un arc de 6 graduations.

E F F E T S.

Après le choc, la boule *F* demeure en repos à l'endroit du contact, & la boule *D* parcourt un arc de 6 graduations dans la partie oppoſée ; ce qui fait voir que le corps choqué a reçu une vîteſſe égale à celle du corps choquant.

E X P L I C A T I O N S.

La boule *F* ayant rencontré la boule *D* en repos, lui a communiqué la moitié de ſa vîteſſe, à cauſe de l'égalité des maſſes ; & elle en a gardé 3 par la même raiſon, pour continuer de ſe mouvoir dans la même direction. Tel ſeroit l'effet total de cette percuſſion, ſi les boules n'avoient point de reſſort, comme on l'a vû par la premiere expérience de l'article premier. Mais à cauſe de l'élaſticité, la boule *D* comprimée ou applatie, ſe rétablit en s'appuyant contre la boule *F* ; ce qui fait que cette réaction la porte en avant, avec autant de vîteſſe qu'elle a été compri

Tome I.   G g

mée. Or cette vîteſſe eſt la moitié de celle qui a fait rencontrer les deux boules, c'eſt-à-dire, 3 degrés. Ainſi après le choc la boule *D* ſe meut avec 6 degrés de vîteſſe, ſçavoir 3 qu'elle a reçus par communication, & 3 qui lui viennent de ſa réaction.

La boule *F* a gardé 3 degrés de ſa vîteſſe primitive; mais ſa réaction qui eſt égale ſe fait en ſens contraire, & la réduit au repos.

II. EXPERIENCE.

PREPARATION.

La boule *D* étant de 2 onces, & la boule *F* de 4 onces, on donne à celle-ci 6 degrés de vîteſſe, l'autre étant en repos.

EFFETS.

Après le choc, la boule *D* parcourt 8 graduations dans la direction de la boule *F*, & celle-ci continue de ſe mouvoir du même côté, & parcourt 2 graduations.

EXPLICATIONS.

Il faut conſidérer d'abord le mou-

vement communiqué en raison des
maffes, indépendamment du reffort;
& voir enfuite ce que la réaction
ajoute à ce premier effet, ou ce
qu'elle en diminue.

Si les boules n'étoient point élaftiques, F de 4 onces rencontrant D
de 2 onces en repos, ne perdroit que
2 degrés de vîteffe des 6 qu'elle
a, & les deux maffes s'en iroient
du même côté avec un mouvement
commun, dont la vîteffe feroit 4,
comme nous l'avons vû ci-deffus. * * I. Prop.
Mais après le choc, il y a réaction III. Exp.
réciproque entre les deux boules à
caufe de leur élafticité; & cette réaction eft égale à 4 degrés de vîteffe
communiquée, qui ont caufé la compreffion. Il faut donc regarder cette
réaction, comme une force qui fe
déploye entre les deux boules pour
les repouffer de part & d'autre; elle
concourt avec le mouvement communiqué à la boule D, & elle l'augmente de moitié. Elle tend au contraire à détruire celui qui refte à la
boule F; mais il faut faire attention
que cette derniere maffe eft de 4
onces, double de l'autre, & que la

réaction qui peut faire avancer deux onces de 4 espaces, n'en peut faire rétrograder que 2 à un poids qui est double : ainsi la boule *F* malgré sa réaction, avance encore 2 graduations après le choc, en vertu de son mouvement primitif.

III. EXPERIENCE.

PREPARATION.

La boule *F* de 2 onces va frapper avec 6 degrés de vîtesse, la boule *D* en repos qui pése 4 onces.

EFFETS.

Après le choc, la boule *D* parcourt 4 graduations dans la direction de la boule *F*, & celle-ci retourne en arriére l'espace de 2. graduations.

EXPLICATIONS.

La résistance de la boule *D* contre la boule *F*, a réduit la vîtesse premiere de 6 à 2, en vertu de sa double masse ; mais les deux degrés de vîtesse qu'elle a reçus par communication, ont occasionné une réaction de même valeur ; ce qui fait qu'elle par-

court 4 graduations en avant. La même réaction agissant sur *F*, qui ne pese
que 2 onces, a dû produire un effet
double, c'est-à-dire, qu'en vertu de
son ressort, elle parcourroit 4 graduations en arriére; mais elle a gardé
2 degrés de sa premiere vîtesse : cet
effet se réduit donc à moitié, elle
n'en parcourt que 2.

APPLICATIONS.

On a pu remarquer par les résul-
tats des trois expériences que nous
venons de rapporter, en preuves de
notre premiere proposition, que le
mouvement de réaction double toujours celui que le corps choqué acquiert par communication. Car lorfque la boule *D* en vertu du mouvement primitif de *F*, n'auroit dû avoir
que 2, 3, ou 4 degrés de vîtesse; on
a vu qu'elle en avoit 4, 6, ou 8.

On a dû observer encore que cette
même réaction qui double le mouvement du corps choqué pour aller
en avant, tend avec autant de force
à repousser le corps choquant en arriére; mais que ce dernier effet diminue comme la masse augmente. Car,

par exemple, lorsqu'en vertu de cette force la boule *D* de 2 onces recevoit 4 degrés de vîtesse en avant, la boule *F* de 4 onces n'en recevoit que 2 en arriére.

Ces deux observations feront comprendre la raison de plusieurs effets qu'on a tous les jours sous les yeux, & qu'on auroit peine à expliquer, si l'on ignoroit ces principes.

Tous les Artistes qui travaillent en chambre sur des enclumaux, ou sur des tas d'acier, comme les Planeurs, Orfévres, Horlogers, &c. ne manquent pas d'amortir les coups par un rouleau de nattes, ou choses équivalentes, sur quoi ils établissent le billot qui porte l'instrument. Sans cette précaution, une grande partie de la force imprimée par le marteau, seroit transmise au plancher, & causeroit des ébranlemens préjudiciables à la charpente.

C'est par de semblables raisons, que l'on construit de briques les remparts des places fortifiées; si on les faisoit de grais ou de quelqu'autre pierre dure, les coups de canon venant à frapper ces corps élastiques, tranfmettroient leur mouvement à une plus grande profondeur, & cauferoient plus de dommage.

Les effets qui réfultent de la réaction réciproque de deux corps élaftiques qui font comprimés par le choc, feroient les mêmes, fi ces deux corps, abftraction faite de leur reffort, avoient preffé entre eux une troifiéme matiére capable de fe rétablir ; comme fi, par exemple, un anneau d'acier *Fig.* 18. étoit frappé de part & d'autre, en même-tems par deux boules *A* & *B*, fufpendues à des fils : cet anneau comprimé par le double choc repoufferoit en fe rétabliffant, les deux corps qui l'auroient choqué à des diftances proportionnelles à leurs maffes ; c'eft-à-dire également loin, s'ils étoient égaux, ou plus loin celui des deux qui feroit le moins pefant.

On doit encore attendre la même chofe d'un corps dont le reffort antérieurement tendu viendroit à fe débander entre deux mobiles ; comme fi l'anneau d'acier dont nous venons de parler, comprimé par un fil diamétral, venoit à fe détendre contre les deux corps *A* & *B* : ils feroient tous les deux repouffés en fens contraires, & à des diftances qui feroient en raifon réciproque des poids.

Ces effets, qui font des conféquences de notre premiere propofition, doivent fervir à expliquer le recul des armes à feu, celui des fufées, &c. Car on doit regarder la poudre qui s'allume entre la culaffe, & la balle ou le boulet, comme un reffort qui fe déploie de part & d'autre; fon action produit dans les deux mobiles une vîteffe qui eft d'autant plus grande dans l'un des deux, que fa maffe eft plus petite relativement à l'autre. Ainfi comme le canon, le moufquet, &c. (fur-tout fi l'on fait attention aux obftacles qui les retiennent) font beaucoup plus difficiles à mouvoir que le boulet ou la balle qui fait la charge; on conçoit aifément pourquoi ce dernier mobile reçoit de la poudre enflammée une vîteffe incomparablement plus grande.

Une autre raifon contribue encore à augmenter la vîteffe de la balle, c'eft une certaine longueur au canon qui donne le tems à la poudre de s'allumer

lumer, & de déployer toute fon action; s'il eft trop court, le plomb eft
déja forti avant que l'explofion foit
entiérement faite : c'eft une des raifons pour lefquelles les piftolets ne
portent jamais auffi loin que les fu-
fils ; & l'on fait le canon de ceux-ci
plus long qu'à l'ordinaire, quand on
les deftine à tirer de fort loin. Mais
cette longueur a fes bornes ; & quand
on les excéde, au lieu de procurer à
la balle une plus grande vîteffe, on
lui fait perdre au contraire, par un
frottement inutile, une partie de celle
qu'elle auroit, fi le canon avoit une
meilleure proportion.

Quant au recul, on peut dire en
général, qu'en fuppofant la quantité
& la qualité de la poudre égale, un
fufil repouffe d'autant plus, que la
charge de plomb fait plus de réfiftance, foit par fon poids, foit par la
bourre qui le retient.

Une fufée s'éléve, parce que fa
partie inférieure qui s'enflamme, fait
l'office d'un reffort qui agit d'une
part contre le corps de la fufée, &
de l'autre contre un volume d'air qui
ne céde pas auffi vîte qu'il eft frap-

pé ; & comme ce reſſort ſe renouvelle continuellement, par l'inflamma-
tion ſucceſſive de toutes les parties
de la fuſée, il en accélére le mouvement par deux raiſons ; 1°. parce
que réſident dans le mobile même,
il ajoute toujours à ſa vîteſſe ; 2°.
parce que le poids ou la réſiſtance
de ce mobile diminue à chaque inſtant, par la diſſipation des parties qui
brûlent.

On pourroit demander ici, pourquoi ſur le tapis d'un billard, lorſqu'une bille eſt pouſſée contre une
autre en repos, il n'arrive pas la même choſe que dans la premiere expérience, qui paroît être le même
cas ? Pourquoi, les billes étant égales,
celle qui choque continue-t'elle preſque toujours de ſe mouvoir ? ne de-
vroit-elle pas reſter ſans mouvement
après le choc, comme il arrive à la
boule F, lorſqu'elle rencontre D en
repos ?

Quoique ces deux cas paroiſſent
ſemblables, ils différent cependant
entre eux, en ce que la boule F de
notre premiere expérience n'a qu'un
mouvement ſimple & direct, au lieu

que la bille qu'on lui compare en a
deux : car non-feulement fon centre
eft porté en ligne droite , mais en
même-tems elle roule fur le plan , &
toutes les parties de fa furface décrivent des cercles paralleles autour de
fon axe. Lorfqu'elle rencontre une
bille en repos , le mouvement direct
de fa maffe totale eft arrêté , par les
raifons que nous avons rapportées ;
mais celui de fes parties autour de
l'axe commun fubfifte ; de forte que
dans l'inftant du choc , fi le plan s'é-
vanouiffoit , & qu'elle fût foutenue
par fes poles , on la verroit tourner
fans avancer ni reculer ; mais fi ce
mouvement de rotation fe fait fur un
plan , il faut de néceffité qu'il porte
la bille en avant ; c'eft une chofe qui
fe conçoit aifément.

II. PROPOSITION.

Si deux corps élaftiques égaux ou iné-
gaux en maffe , viennent fe heurter avec
des vîteffes propres qui foient égales ou
inégales , après le choc ils fe féparent ,
& leur vîteffe refpective eft la même qu'a-
vant le choc.

Car fi ces deux corps étoient fans

reſſort, ou ils s'arrêteroient réciproquement, où l'un des deux emporteroit l'autre, comme on l'a vû par les expériences du premier article. S'ils ſe ſéparent, c'eſt donc uniquement en vertu de leur réaction ; mais nous avons vu auſſi que cette réaction eſt égale à la compreſſion, qui eſt comme la vîteſſe reſpective avant le choc : celle qui en réſulte après le choc doit donc être ſemblable, & c'eſt ce que l'expérience confirme.

PREMIERE EXPERIENCE.

PREPARATION.

La boule *D* peſant 2 onces, & la boule *F* autant, on les fait tomber l'une contre l'autre par des arcs de 6 degrés chacun. C'eſt le cas où les maſſes & les vîteſſes propres ſont égales.

EFFETS.

Après le choc, les deux boules ſe ſéparent, & remontent chacune de ſon côté un arc de 6 graduations ; ainſi les vîteſſes propres ſont de 6 degrés, & la vîteſſe reſpective de 12, comme avant le choc.

EXPLICATIONS.

Les deux boules en s'entrecho-
quant à forces égales , ont perdu
tout leur mouvement primitif, mais
la réaction égale à la force avec laquelle elles se font comprimées, où
(ce qui est la même chose) à leur
vîtesse respective , les a remises en
état de remonter les 6 graduations
qu'elles avoient parcourues en descendant.

II. EXPERIENCE.

PREPARATION.

Il faut donner à la boule *D* 4 onces de masses , & à la boule *F* 2 onces , & les faire tomber l'une contre
l'autre ; la premiere par un arc de 4
graduations , & la seconde par un arc
de 8 : c'est un des cas où il y a inégalité de masses , & de vîtesses propres, quoique la vîtesse respective soit
encore 12.

EFFETS.

Les deux boules après s'être heur-
tées , retournent à l'endroit d'où elles

font parties avant le choc, ce qui fait voir que la vîteſſe reſpective eſt la même que devant.

EXPLICATIONS.

Si les boules *D* & *F*, de cette expérience n'avoient point de reſſort, elles s'arrêteroient réciproquement, parce que leurs forces ſont égales; car 4 onces de maſſe multipliées par 4 degrés de vîteſſe, donnent 16 pour la quantité du mouvement, ce qui eſt égal à 8 degrés de vîteſſe, multipliée par 2 onces de maſſe. Mais ces deux boules ſont élaſtiques, & leur compreſſion eſt l'effet d'une vîteſſe reſpective de 12 degrés; la réaction eſt donc une pareille vîteſſe appliquée d'une part à une boule de 2 onces, & de l'autre à une boule de 4 onces; mais la force qui peut tranſporter 2 onces à 8 graduations, n'en peut faire parcourir que 4 à une maſſe de 4 onces, pendant le même-tems. Ainſi les deux boules après le choc ont dû revenir aux endroits d'où elles étoient parties, comme l'expérience l'a repréſenté.

APPLICATIONS.

Ce que nous avons enseigné touchant le choc de deux corps à ressort, a lieu aussi quoiqu'il y en ait un plus grand nombre contigus les uns aux autres, & ces effets s'exécutent avec une promptitude admirable. Si l'on suspend, par exemple, 7 ou 8 boules d'yvoire de maniere qu'elles aient leurs centres dans une même ligne, comme le représente la *Fig.* 19. & que l'on fasse tomber la premiere par un arc de cercle contre la seconde, la huitiéme se séparera des autres avec une vîtesse semblable à celle qu'auroit eu la seconde après le choc, si rien ne s'étoit opposé à son passage; & si l'on en fait tomber deux ensemble contre la troisiéme, les deux dernieres se sépareront des autres qui demeureront toutes en repos.

De même aussi que l'on fasse tomber la huitiéme contre la septiéme d'une part, & de l'autre la premiere contre la seconde; ces deux boules choquantes, remonteront après le choc par les mêmes arcs qu'elles auront parcourus en descendant, com-

me fi leur percuffion avoit été immédiate.

Pour expliquer ces effets, il faut
fe fouvenir de ce que nous avons dit
à la page 311, qu'une boule à reffort
dans l'inftant du choc, prend une
figure ovale, par laquelle non-feulement la partie choquée eft rappro-
chée du centre, mais encore celle
qui lui eft diamétralement oppofée.
Ces deux parties fe rétabliffent auffi-
tôt, & avec des vîteffes égales à celle avec laquelle s'eft faite leur compreffion. On conçoit donc que la feconde boule frappée par la première,
fe fépare d'abord un peu de la troifiéme, & qu'ayant pris, tant par communication que par réaction, une vîteffe égale à celle du corps qui l'a heur-
tée, comme nous l'avons expliqué
dans la première expérience de la
première propofition ; elle fait fur la
boule fuivante ce que la première a
fait fur elle. La même chofe fe fait de
la troifiéme à la quatriéme, & ainfi
de fuite jufqu'à la dernière, qui n'é-
tant retenue par rien, obéit à l'impulfion qu'elle reçoit, & décrit un arc
qui exprime une vîteffe femblable.

celle du premier corps choquant.
Ces exemples de mouvemens com-
muniqués par des corps élaſtiques &
ontigus , pourront nous ſervir dans
ſuite , pour appûyer quelques opi-
ions (vraiſemblables d'ailleurs) tou-
hant certains phénoménes ſur l'ex-
lication deſquels les Phyſiciens ſont
ncore partagés. Nous nous conten-
ons pour le préſent d'établir ces prin-
ipes d'expérience , que nous rappel-
lerons , & dont nous ferons uſage à
meſure que l'ordre des matiéres le
permettra.

Corollaire.

On a pû remarquer par les expériences que nous venons de rapporter , que quand les corps à reſſort ſe
choquent de maniére qu'ils aillent
dans la même direction , ou que l'un
des deux reſte en repos après le choc,
la ſomme des mouvemens eſt la même après comme avant la percuſſion;
car immédiatement avant le choc de
la premiére expérience , tout le mouvement réſide dans la boule F , & ſa
quantité eſt 12 , ſçavoir 6 de vîteſſe
multipliée par 2 de maſſe ; & après

le choc pareille quantité fe retrouve dans la boule *D* qui fe meut feule.

Mais fi l'un des deux retourne en arriére, la quantité du mouvement fe trouve plus grande après qu'avant le choc, comme il paroît par le réfultat de la troifiéme expérience; car avant que la boule *F* rencontre la boule *D* en repos, fa quantité de mouvement eft 12: fçavoir 6 de vîteffe multipliée par 2 onces. Et après la percuffion, la fomme des mouvemens eft 20; fçavoir dans la boule *D*, 16, produit de 4 onces par 4 degrés de vîteffe, & dans la boule *F*, 4, produit de 2 onces par 2 de vîteffe.

Non-feulement la fomme des mouvemens eft plus grande après le choc, mais celui du corps choqué excéde même en quantité celui du corps choquant, avant le contact. Car dans la boule *F* avant le choc, le mouvement étoit 12, & après la percuffion, il eft 16 dans la boule *D*, comme nous venons de le remarquer.

Cet excès ou cette différence de mouvement dans le corps choqué, égale précifément la quantité de celui qui rétrograde après le choc; c'eft ce qu'on appercevra d'abord, si l'on fait attention que la quantité du mouvement dans la boule *F* qui retourne en arriére, est 4, différence de 16 à 12.

Ainsi les masses étant connues, si l'on sçait la vîtesse de celle qui rétrograde aprés le choc, on peut sçavoir la quantité du mouvement de l'autre, & quelle a été la somme du mouvement primitif.

Nous ne devons pas quitter cette matiére sans avertir, qu'on ne doit point estimer l'impulsion des fluides, selon les régles que nous avons établies touchant le choc des corps solides ; ceux-ci ayant leurs parties liées agissent selon toute leur masse, mais il n'en est pas de même de l'action des autres : à cause de la mobilité respective de leurs parties, il n'y a que ce qui est immédiatement & directement exposé au choc qui fasse effort ; le reste ne perd point sa vîtesse, & par conséquent ne contribue point à l'effort ; c'est pourquoi l'eau & le vent ne communiquent pas tout d'un coup leur vîtesse actuelle à un mobile, ce n'est qu'après un certain tems, que celui-ci reçoit tout le mouvement qui

peut lui être tranfmis ; c'eft une chofe
dont il eft aifé de fe convaincre , en
obfervant les aîles d'un moulin à vent,
ou la roue d'un moulin à l'eau, quand
elles commencent à fe mouvoir.

Fin du premier Volume.

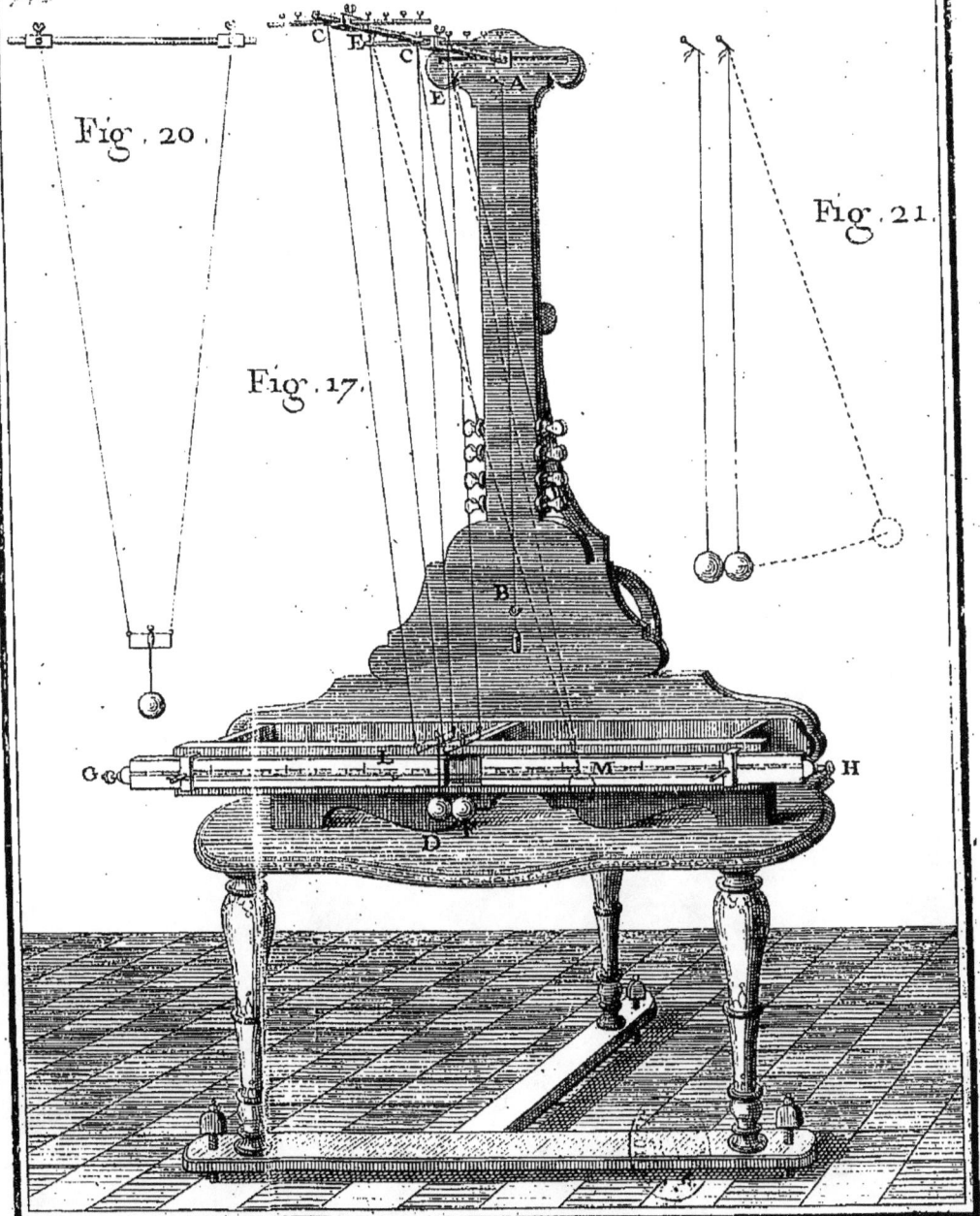

Fig. 20

Fig. 21

Fig. 17

TABLE
DES MATIERES

Contenues dans le premier Volume.

EXPLICATION de quelques termes de Géométrie employés dans cet Ouvrage.

PREMIERE LEÇON.

III. LEÇON.

De la mobilité des Corps.

IV. LEÇON.

Suite des Loix du Mouvement simple.

dans la direction du Corps qui l'a frappé, & avec une vîtesse composée de celle
qui lui a été donnée immédiatement, ou
par communication, & de celle qu'il acquiert par sa réaction après le choc; &
le Corps choquant dont le ressort agit en
sens contraire, perd en tout, ou en partie, ce qu'il avoit gardé de sa vîtesse premiére : & si son mouvement réfléchi excéde le restant de sa vîtesse premiére, il
rétrograde suivant la valeur de cet excès.
351.

Fin de la Table des Matiéres.